Quelljungfern: Gestreifte Quelljungfer

Falkenlibellen: Gemeine Smaragdlibelle

Segellibellen: Vierfleck

HEIKO BELLMANN
MATTHIAS HELB

Der Kosmos Libellenführer

KOSMOS

Inhalt

Vorwort zur 6. Auflage

Dr. Heiko Bellmann hat mit seinem Libellenbuch, das erstmals 1987 noch unter dem Titel „Libellen beobachten, bestimmen" erschien, Maßstäbe für einen praxistauglichen Feldführer gesetzt.
Damit führte er im Kosmos-Verlag eine jahrzehntelange Tradition fort, die zuvor unter anderem von Prof. Dr. Gerhardt Jurzitza mit "Unsere Libellen. Die Libellen Mitteleuropas in 120 Farbfotos" (1978), „Welche Libelle ist das? Die Arten Mittel- und Südeuropas" (1988) und dem Folgewerk „Der Kosmos Libellenführer" (2000) geprägt worden war.
Genau vor 100 Jahren begründete Dr. Kurt Floericke die Bestimmungsliteratur über Libellen beim Kosmos Verlag, indem er mit „Heuschrecken und Libellen" ein Buch über einheimische Vertreter dieser Gruppen verfasste.
Der Fokus auf den deutschsprachigen Raum, den Heiko Bellmann anfangs bei der Auswahl der beschriebenen Arten setzte, wurde in seiner letzten Auflage bereits um einige südeuropäische Arten erweitert.
Um das Buch für ein noch größeres Gebiet nutzbar zu machen und dem Klimawandel und damit einhergehenden Areal-Verschiebungen etlicher südeuropäischer Spezies Rechnung zu tragen, wurden weitere 24 Arten neu aufgenommen. Damit werden fast alle der gegenwärtig in Europa nachgewiesenen 128 Libellenarten in diesem Werk vorgestellt. Durch die zeitlich begrenzte Bearbeitungsphase konnten für die meisten der neuen Arten, die oft selten und zum Teil nur auf Inseln anzutreffen sind, keine Bilder akquiriert werden.
Weitgehend unverändert wurden die meisten der von Heiko Bellmann verfassten Arten-Profile belassen. Deutlich verändert wurde jedoch die Taxonomie sämtlicher Arten und damit auch ihre Reihenfolge im Buch.
Eine Anpassung erfuhr notwendigerweise auch der Bestimmungsschlüssel, in dem auf alle neu aufgenommenen Arten hingewiesen wird. Auf Angaben zum Gefährdungsstatus wurde bewußt verzichtet, da Libellen oft erhebliche Populationsschwankungen zeigen und klimatisch bedingt kurzfristig weite Areal-Verschiebungen durchlaufen können. Bedeutsamer für den Schutz der Libellen ist der Erhalt und die Pflege ihrer oftmals sehr stark von Verschmutzung und Zerstörung bedrohten Habitate, z.B. Moore, Quell-Rinnsale und saubere Fließgewässer.
Für die hervorragende Zusammenarbeit sei Monika Weymann (Redaktion und Lektorat) und Mathis Weymann (Gestaltung und Satz) ganz herzlich gedankt.

—*Matthias Helb*

Über Libellen

Körperbau der Imago

Der Libellenkörper (Abb. 1) gliedert sich – wie für Insekten üblich – in die drei Abschnitte Kopf, Thorax (Brust) und Abdomen (Hinterleib). Der Kopf trägt ein Paar kurze, fadenförmige Fühler und seitlich große Komplexaugen, die sich aus einer Vielzahl von Einzelaugen, den Ommatidien, zusammensetzen. Die Zahl dieser Ommatidien kann etwa 30 000 betragen.

Während die Augen der Kleinlibellen (Unterordnung Zygoptera) durch einen breiten Abstand voneinander getrennt sind (siehe Fotos S. 8 u. S. 13 oben), treffen sie bei den Großlibellen (Unterordnung Anisoptera) fast immer oben in der Kopfmitte zusammen (siehe Fotos, S. 13 unten). Nur die Flussjungfern (Familie Gomphidae) machen hier eine Ausnahme, indem sie trotz ihrer Zugehörigkeit zu den Großlibellen weit voneinander getrennte Augen besitzen (siehe Foto, S. 12). Außer ihren großen Komplexaugen besitzen alle Libellen drei Ocellen (Punktaugen), die in der Nähe der Fühler in einem Dreieck angeordnet sind.

An der Unterseite des Kopfes sind die Mundwerkzeuge eingelenkt: paarige Mandibeln (Oberkiefer) und Maxillen (Unterkiefer) sowie als unpaarige Anhänge das Labrum (Oberlippe) und Labium (Unterlippe). Die Mandibeln und Maxillen sind kräftige, scharfkantige Beißwerkzeuge, die manchmal auch dem Menschen blutende Wunden zufügen können.

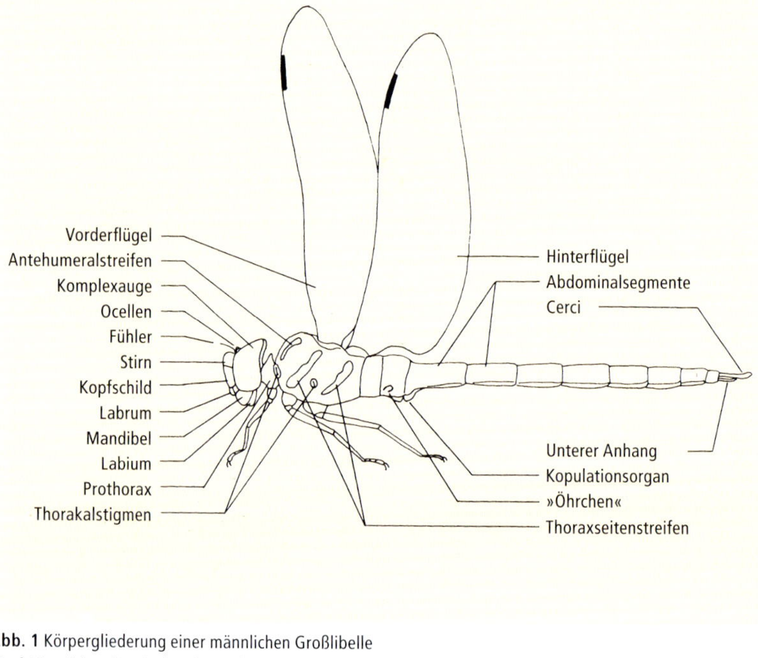

Abb. 1 Körpergliederung einer männlichen Großlibelle (Torf-Mosaikjungfer, *Aeshna juncea*).

Gemeine Winterlibelle (*Sympecma fusca*) im Winter,
Seewiesen, Deutschland.

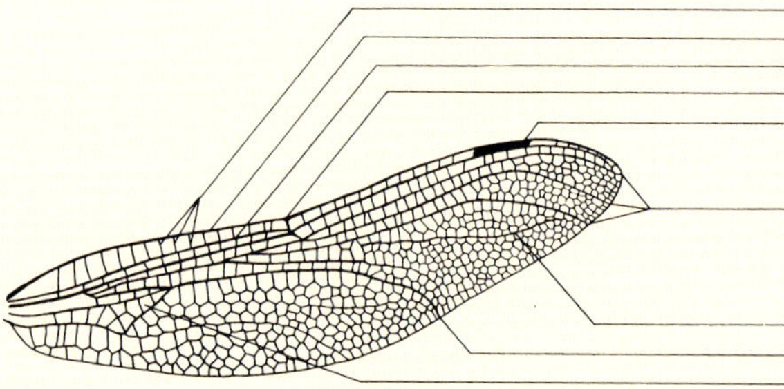

Abb. 2 Vorderflügel einer Großlibelle (Torf-Mosaikjungfer, *Aeshna juncea*).

Der Thorax besteht aus drei Segmenten, die als Pro-, Meso- und Metathorax bezeichnet werden, die entsprechenden Rückenplatten heißen Pro-, Meso- und Metanotum. Der Prothorax ist nach vorn verschmälert. An seinem Vorderende ist der hinten ausgehöhlte Kopf sehr beweglich eingelenkt. Der Hinterrand des Pronotums ist bei vielen Kleinlibellen charakteristisch geformt und damit ein wichtiges Bestimmungsmerkmal. Ebenfalls wichtig für die Bestimmung, vor allem bei den Mosaikjungfern, sind die Antehumeralstreifen (helle Längsstreifen auf der Oberseite des Mesothorax) und die Thoraxseitenbinden. Diese hellen Zeichnungen sind aber nicht bei allen Arten ausgebildet.

An den Thoraxseiten münden die Atemorgane der Libelle, die Tracheen, mit zwei Stigmen auf jeder Seite. Diese liegen zwischen Pro- und Mesothorax sowie am Metathorax. Weitere, schwer sichtbare Stigmen befinden sich an den Abdomenseiten. Der Thorax trägt die Bewegungsorgane, zwei Paar häutige Flügel und drei Paar Beine. Bei den Kleinlibellen sind Vorder- und Hinterflügel fast gleich gestaltet; bei den Großlibellen sind Letztere an der Basis verbreitert und dadurch von den Vorderflügeln verschieden. Nahe der Spitze aller Flügel liegt das Flügelmal oder Pterostigma, ein durch Adern begrenztes, stärker verfestigtes Feld. Es ist in vielen Fällen auffallend gefärbt. Etwa in der Mitte der Flügelvorderkante liegt außerdem der Nodus, ein leichter Knick im Flügelrand. Das Adernetz ist sehr dicht; es besteht aus einer Vielzahl von Längs- und Queradern, deren Anordnung bei der Bestimmung vielfach eine Rolle spielt. Die Bezeichnung der einzelnen Flügeladern ist der Abb. 2 zu entnehmen.

Die Flügel werden durch mächtige Muskeln bewegt, die im Innern des Meso- und Metathorax liegen. Die einzelnen Muskeln greifen direkt an den Flügeln an, sodass die Vorder- und Hinterflügel unabhängig voneinander bewegt werden können. Diese besondere Konstruktion erklärt die erstaunliche Manövrierfähigkeit fliegender Libellen. Bei anderen Insekten geschieht die Flügelbewegung dagegen durch Zusammenpressen und Entspannen des gesamten Thorax.

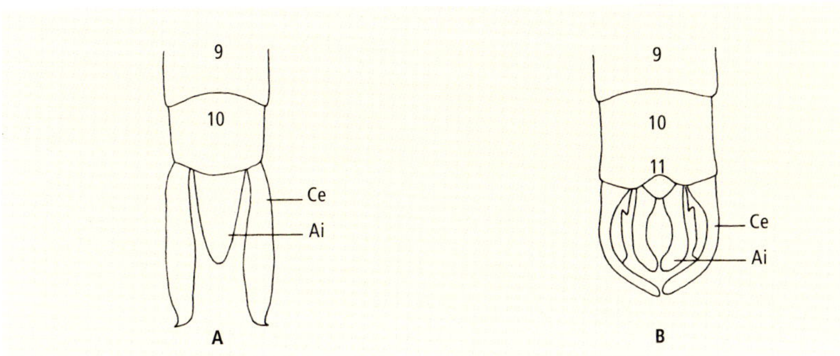

Abb. 3 Abdomenspitzen männlicher Libellen in Dorsalansicht:
A Großlibelle (Torf-Mosaikjungfer, *Aeshna juncea*), **B** Kleinlibelle (Glänzende Binsenjungfer, *Lestes dryas*)
Ai = untere Abdominalanhänge, Ce = Cerci

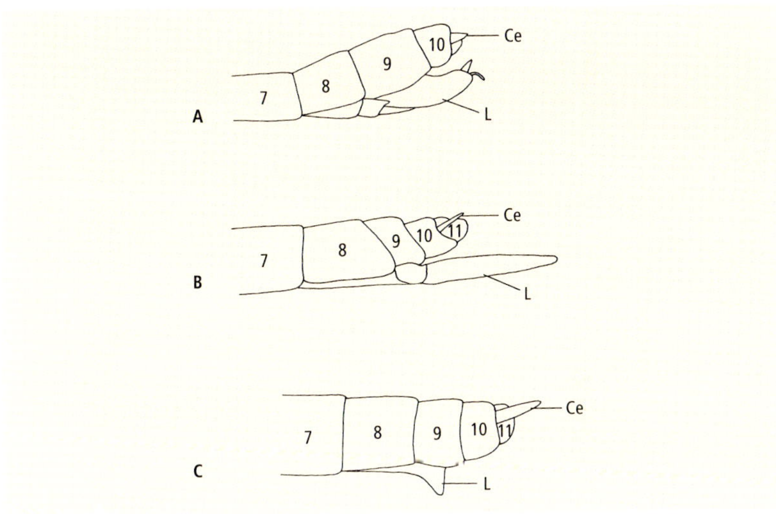

Abb. 4 Abdomenspitzen weiblicher Libellen in Lateralansicht:
A Glänzende Binsenjungfer (*Lestes dryas*), **B** Gestreifte Quelljungfer (*Cordulegaster bidentata*),
C Gemeine Heidelibelle (*Sympetrum vulgatum*)
Ce = Cerci, L = Legebohrer

Das schlanke Abdomen enthält vor allem die Verdauungsorgane, das röhrenförmige Herz und die inneren Geschlechtsorgane. Am letzten, dem 10. Segment, finden sich paarige obere Anhänge (Appendices superiores oder Cerci) sowie beim Männchen ein oder zwei untere Anhänge (Appendices inferiores, siehe Abb. 3). Ein 11. Segment ist verkümmert und äußerlich kaum sichtbar. Die Weibchen besitzen auf der Unterseite des 8. und

9. Segments einen Legebohrer, der aber (z. B. bei vielen Segellibellen) verkümmert sein kann und dann als Valvula vulvae bezeichnet wird (siehe Abb. 4). Bei den Männchen mündet die Genitalöffnung ebenfalls am Hinterleibsende, in der Bauchplatte des 9. Segments. Das Begattungsorgan liegt aber auf der Unterseite des 2. bzw. des 2. und 3. Abdominalsegments. Vor der Paarung wird dieses Begattungsorgan mit Sperma gefüllt (siehe Kapitel Paarung, S. 18).

Die drei Beinpaare haben ihre ursprüngliche Funktion als Laufbeine weitgehend verloren. Libellen bewegen sich fast ausschließlich fliegend; lediglich geringfügige Korrekturen der Sitzposition werden durch die Beine vorgenommen. Viel wichtiger ist die Aufgabe der Beine beim Beutefang: Sie bilden einen Fangkorb, durch den Beutetiere im Flug ergriffen werden. Die Beine sind mit Reihen abstehender Borsten besetzt, sodass die Beute wie in einer Reuse gefangen wird.

Kleine Zangenlibelle (*Onychogomphus forcipatus*). Elpershofen/Jagst, Deutschland.

Zarte Rubinjungfer (*Ceriagrion tenellum*).
Ostertimke, Deutschland.

Blutrote Heidelibelle (*Sympetrum sanguineum*).
Ingstetten, Deutschland.

Revierbildung und Lebensdauer

Viele Libellen zeigen ein auffallendes Revierverhalten. Prachtlibellen-Männchen beispielsweise besetzen jeweils kurze Bachabschnitte und verteidigen diese gegen Artgenossen. Auch bei den meisten Großlibellen ist eine vergleichbare Revierabgrenzung zu beobachten. In manchen Fällen, z. B. der Kleinen Zangenlibelle (*Onychogomphus forcipatus*), können sich die Reviergrenzen innerhalb eines Tages mehrfach verschieben (Kaiser 1974b), oder aber sie gelten immer nur kurzfristig für ein Individuum, das später durch ein anderes abgelöst wird. Ein derartiger ständiger Wechsel zwischen verschiedenen Männchen ist z. B. für die Blaugrüne Mosaikjungfer (*Aeshna cyanea*) typisch (Kaiser 1974a). Die Revierbildung findet im Allgemeinen an den Entwicklungsgewässern und damit auch an den Orten der Paarung und Eiablage statt. Die Weibchen der meisten Arten erscheinen dort nur kurzfristig. Während der übrigen Zeit fliegen sie abseits der Gewässer, etwa an Waldrändern und anderen Orten mit reichem Insektenleben. Auch in der auf das Schlüpfen folgenden Reifungsphase, die eine bis mehrere Wochen dauern kann, findet man die meisten Libellen in größerer Entfernung von ihren Entwicklungsgewässern. Sie gehen hier in erster Linie dem Nahrungserwerb nach. Vor allem fliegende Insekten, wie Mücken, Köcherfliegen und Kleinschmetterlinge, zählen zu ihren bevorzugten Beutetieren. Manchmal werden auch sitzende Insekten, z. B. Blattläuse, erbeutet.

Große Pechlibelle (*Ischnura elegans*), ♀ Abdomen eines ♂ der Gemeinen Winterlibelle (*Sympecma fusca*) fressend. Wohlsdorf, Deutschland.

Mond-Azurjungfer (*Coenagrion lunulatum*), ♂ ein Beuteinsekt fressend. Thayngen, Schweiz.

Die letzten Tage einer Großen Königslibelle: ♀ von *Anax imperator* mit bereits stark verschlissenen Flügeln. Winkeldorf, Deutschland.

Das Ende einer Blauflügel-Prachtlibelle (*Calopteryx virgo*): Beute im Netz der Schilfradspinne (*Larinioides cornutus*). Elpershofen/Jagst, Deutschland.

Gemeine Winterlibelle (*Sympecma fusca*), Paar bei der Eiablage. Hettlingen, Schweiz.

Gelegentlich kommt es auch vor, dass kleinere, z. T. sogar gleich große Libellen andere Libellen überfallen und gefressen werden. Einen derartigen Fall zeigt das Foto auf S. 14. Ein Weibchen der Großen Pechlibelle (*Ischnura elegans*) hat eine Gemeine Winterlibelle (*Sympecma fusca*) vom Rücken aus ergriffen. Es beginnt an den vorderen Hinterleibssegmenten zu fressen und trennt dabei das Abdomen ganz ab. Die verstümmelte Federlibelle läuft ein Stückchen weiter und versucht davonzufliegen, stürzt aber sogleich ab, da das den Flug stabilisierende Abdomen fehlt. Sie bleibt danach noch eine Zeit lang am Leben, obwohl lebenswichtige Organe wie das Herz bereits zerstört sind. Unterdessen verspeist die Pechlibelle den Hinterleib der Winterlibelle.

Ein solches Geschehen, das immer wieder in jeweils ganz ähnlicher Form schon dreimal beobachtet werden konnte, mag vielen Naturfreunden grausam erscheinen. Stets war dabei eine Pechlibelle der Angreifer. Dass dabei das Opfer offenbar keine Schmerzen verspürt, lässt sich aus der Beobachtung eines Kollegen ableiten: Er berichtete von einer Großlibelle, die eine andere, ebenfalls zu den Großlibellen zählende Libellenart verzehrte, während diese gleichzeitig damit beschäftigt war, eine Fliege zu fressen. Sie ließ sich, sozusagen den eigenen Tod vor Augen, nicht bei ihrer Mahlzeit stören.

Die Lebensdauer der einzelnen Libellen ist relativ kurz; sie beträgt auch bei Arten mit einer langen Flugzeit (z. B. der Großen Pechlibelle, *Ischnura elegans*, und der Blaugrünen Mosaikjungfer, *Aeshna cyanea*) höchstens sechs bis acht Wochen pro Individuum, oft auch nur 14 Tage. Nur die beiden Winterlibellen der Gattung *Sympecma* machen hier eine Ausnahme, da sie als Imago überwintern. Sie können dadurch ein Gesamtalter von zehn bis elf Monaten erreichen, von denen allerdings etwa die Hälfte im Ruhezustand verbracht wird.

Paarung

Die Paarung der Libellen stellt durch die damit verbundenen, komplizierten Verhaltensweisen einen einzigartigen Vorgang dar. Da die männliche Genitalöffnung nicht mit dem Begattungsapparat in Verbindung steht, muss dieser vor der eigentlichen Paarung mit Sperma gefüllt werden. Bevor dies geschieht, ergreift das Männchen aber zunächst ein Weibchen mit seinen Hinterleibsanhängen am Kopf (Anisoptera) oder Pronotum (Zygoptera). Die oberen und unteren Anhänge sind so geformt, dass sie genau mit entsprechenden Vorsprüngen oder Vertiefungen am Kopf bzw. Pronotum des artgleichen Weibchens zusammenpassen.

Bei den Kleinlibellen fliegt das Paar danach als „Tandem" zu einem Sitzplatz. Meist setzt sich nur das Männchen, während das Weibchen mit angezogenen Beinen in der Luft baumelt. Wenig später krümmt das Männchen sein Abdomen stark ein und bringt dadurch seine Genitalöffnung an das Begattungsorgan (siehe Foto oben links).
Dabei wird dieses mit Sperma gefüllt. Die Spermaübertragung kann wenige Sekunden, aber auch länger als eine Minute dauern. Anschließend wird das Abdomen wieder gestreckt. Nach einer kurzen Ruhepause krümmt das Männchen erneut seinen Hinterleib ein wenig und gibt damit dem Weibchen

Westliche Weidenjungfer (*Lestes viridis*), Spermaübertragung. Ingstetten, Deutschland.

Früher Schilfjäger (*Brachytron pratense*), Paarungsrad. Oberfahlheim, Deutschland.

Paarung der Schwarzen Heidelibelle (*Sympetrum danae*). Winkeldorf, Deutschland.

das Signal, seinerseits das Abdomen einzukrümmen und sich mit der Genitalöffnung am männlichen Begattungsorgan zu verankern. Jetzt erst findet mit dem „Paarungsrad" die eigentliche Begattung statt (siehe Fotos S. 18 rechts u. S. 19). Das Paarungsrad bleibt, je nach Art unterschiedlich, einige Minuten bis etwa eine Stunde bestehen. Danach löst das Weibchen die Verbindung, und das Paar begibt sich (meistens) gemeinsam zur Eiablage (siehe folgendes Kapitel).
Bei den Großlibellen läuft die Paarung etwa nach dem gleichen Muster ab, nur wird sie hier im Flug vollzogen und später im Sitzen beendet. Die Spermaübertragung kann auch vom Männchen im Sitzen ausgeführt werden, ganz ohne Anwesenheit des Weibchens. Bei zwei heimischen Arten, dem Plattbauch (*Libellula depressa*) und dem Vierfleck (*Libellula quadrimaculata*), spielt sich sogar die gesamte Paarung im Flug ab und dauert nur wenige Sekunden. Viele Arten, vor allem Großlibellen, paaren sich mehrfach am Tag mit verschiedenen Partnern. Wie Waage (1979) feststellte, entfernt dabei das Männchen mit seinem Begattungsorgan jeweils das Sperma des Vorgängers aus dem weiblichen Genitaltrakt.

Eiablage

Bei der Eiablage verhalten sich die einzelnen Libellenfamilien sehr unterschiedlich. Es erscheint daher sinnvoll, diesen Vorgang familienweise zu beschreiben.
Bei den Prachtlibellen (Calopterygidae) legt das Weibchen die Eier stets allein ab. Es setzt sich hierzu auf Pflanzen, die über die Wasseroberfläche hinausragen, und versenkt mit seinem Legebohrer die Eier ins pflanzliche Gewebe. Vielfach taucht es zur Eiablage auch ins Wasser hinab. Das Männchen hält sich während dieser Zeit auf einer Sitzwarte in der Nähe auf.
Die Teichjungfern (Lestidae) setzen sich paarweise übereinander auf vertikal aus dem Wasser ragende Pflanzen („Lestes-Typ" der Eiablage) oder hintereinander auf schwimmende, abgestorbene Pflanzenteile („Sympecma- Typ" der Eiablage, siehe Foto, S. 17). Bei der Gemeinen Binsenjungfer (*Les-*

Westliche Weidenjungfer (*Lestes viridis*). Eiablage in Weidenzweig. Ingstetten, Deutschland.

tes sponsa) steigen beide Partner oft ins Wasser hinab (siehe Foto, S. 23 links). Die Westliche Weidenjungfer (*Lestes viridis*) legt ihre Eier nur in Holzgewächse, die das Gewässerufer säumen (siehe Fotos, S. 20 u S. 143).
Auch die Federlibellen (Platycnemidae) und die Schlanklibellen (Coenagrionidae) legen die Eier fast immer paarweise ab. In den meisten Fällen setzen sich die Weibchen auf Wasserpflanzen oder schwimmende Pflanzenteile, während die Männchen, mit angezogenen Beinen steif aufrecht stehend, an ihrem Pronotum verankert bleiben („Coenagrion-Typ" der Eiablage, siehe Fotos S. 21).
Einige Arten sind flexibel hinsichtlich ihrer Sitzposition, ganz besonders die Frühe Adonislibelle (*Pyrrhosoma nymphula*). Bei den Pechlibellen (Gattung *Ischnura*) legen die Weibchen stets allein ab. Bei einigen Schlanklibellen ist auch ein Untertauchen der Weib-

Gemeine Federlibelle (*Platycnemis pennipes*), Eiablage. Elpershofen/Jagst, Deutschland.

Blutrote Heidelibelle (*Sympetrum sanguineum*), Eiablage als Tandem im Flug. Ingstetten, Deutschland.

chen zu beobachten; die Männchen lassen in solchen Fällen ihre Partnerin meistens los oder bleiben mit ihrem Vorderkörper außerhalb des Wassers.

Die Weibchen der Edellibellen (Aeshnidae) legen, von zwei Ausnahmen abgesehen, ihre Eier stets ohne Begleitung der Männchen ab. Bei der Eiablage kommt es sehr oft zu (meist erfolgreichen) Paarungsversuchen durch paarungswillige Männchen. Die Südliche Mosaikjungfer (*Aeshna affinis*) legt paarweise nach dem „Lestes-„ oder „Sympecma-Typ" ab. Bei der Kleinen Königslibelle (*Anax parthenope*) kann die Eiablage paarweiseoder durch das Weibchen allein erfolgen.

Die Quelljungfern (Cordulegasteridae) legen ihre Eier im Flug ab. Die Weibchen fliegen hierzu an flachen Stellen der Bäche und

Quellrinnsale mit steif senkrecht gehaltenem Körper auf und nieder, ohne den Körper in sich zu bewegen. Dabei stoßen sie ihren langen, spitzen Legebohrer in das Bachbett. Auch bei den Flussjungfern (Gomphidae), Falkenlibellen (Corduliidae) und Segellibellen (Libellulidae) erfolgt die Eiablage stets im Flug. In vielen Fällen lassen die Weibchen zunächst die Eier aus der Genitalöffnung hervorquellen und streifen sie dann im Flug an der Wasseroberfläche ab. Oft sind sie von einer Gallerte umgeben, die beim Kontakt mit dem Wasser aufquillt. Beim Zweifleck (*Epitheca bimaculata*) entrollt sich sogar ein ca. 20 cm langer, gallertiger Eistrang. Die meisten Arten aber werfen ihre Eier einzeln oder in kleinen Portionen durch wippende Bewegungen des Abdomens ins Wasser. Die Heidelibellen (Gattung Sympetrum) sind dabei als Tandem verbunden (siehe Foto S. 22). Bei einigen anderen Segellibellen (z. B. den Libellula-, Orthetrum-Arten) kreist das Männchen in der Nähe des Eierlegenden Weibchens.

Bei beiden Unterordnungen der Libellen ist von den als primitiver geltenden Familien hin zu den höher entwickelten (Calopterygidae → Coenagrionidae bzw. Aeshnidae → Libellulidae) eine Tendenz von allein ablegenden Weibchen hin zur paarweisen Eiablage und bei den Anisopteren außerdem von sitzender zu fliegender Eiablage festzustellen. Beide Tendenzen führen zu einem immer besseren Schutz der legenden Weibchen vor möglichen Feinden. Die Begleitung durch das angekoppelte Männchen bringt aber auch einen wirksamen Schutz vor weiteren partnersuchenden Männchen mit sich und gewährleistet so eine störungsfreie Eiablage.

Gemeine Binsenjungfer (*Lestes sponsa*), Eiablage unter Wasser. Neuenkirchen, Deutschland.

Große Pechlibelle (*Ischnura elegans*), ♀ bei der Eiablage. Brieskow, Deutschland.

Körperbau der Larve

Larve der Großen Pechlibelle (*Ischnura elegans*). Rotenburg, Deutschland.

Libellen gehören zu den Insekten mit unvollständiger Verwandlung (Hemimetabola). Ihnen fehlt das für viele andere Insekten typische Puppenstadium. Im Gegensatz zu anderen hemimetabolen Insekten, etwa den Heuschrecken und Wanzen, ist aber die Larve deutlich von der Imago verschieden. Dies erklärt sich aus der sehr unterschiedlichen Lebensweise beider Stadien: Die Imago ist ein flugtüchtiges Landtier, die Larve dagegen ein verborgen lebender Wasserbewohner.
Die Larven der Zygoptera und der Anisoptera unterscheiden sich deutlich voneinander. Die einen sind auffallend schlank und tragen an der Abdomenspitze drei große Kiemenblättchen (Abb. 8), die anderen dagegen sind plump gebaut, mit einer Analpyramide aus fünf spitzen Stacheln (Abb. 5, 6). Trotzdem sind viele Gemeinsamkeiten festzustellen. Die Augen sind meist deutlich kleiner als bei der Imago, vielfach knopfförmig. Bei den Mundwerkzeugen fällt das zur Fangmaske umgewandelte Labium auf (Abb. 7). Diese Fangmaske besteht aus drei verschiedenen Elementen, dem in Ruhelage nach hinten geklappten Basalglied (Submentum), dem gelenkig mit diesem verbundenen Mittellappen (Praementum) und den paarigen Fanghaken (Labialpalpen). Die Fanghaken sind bei den einzelnen Libellenfamilien unterschiedlich

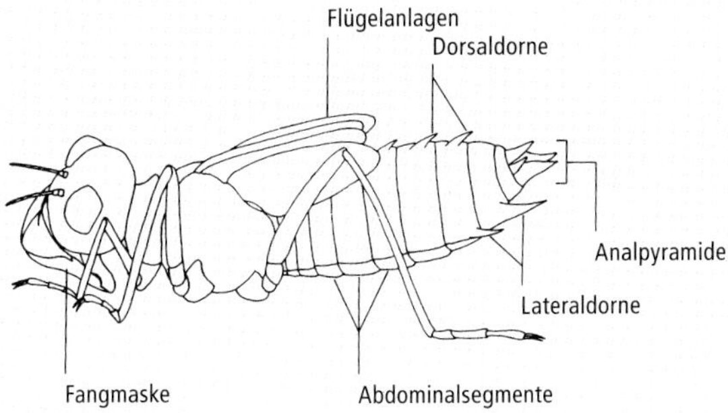

Abb. 5 Großlibellenlarve (Gemeine Heidelibelle, *Sympetrum vulgatum*).

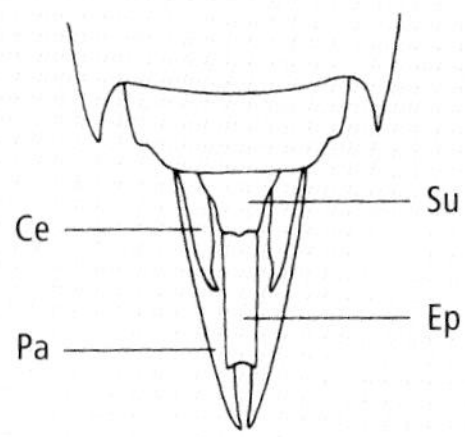

Abb. 6 Analpyramide einer männlichen Großlibellenlarve in Dorsalansicht (Große Königslibelle, *Anax imperator*) – Ce = Cerci, Ep = Epiproct, Pa = Paraproct, Su = Supraanalblättchen

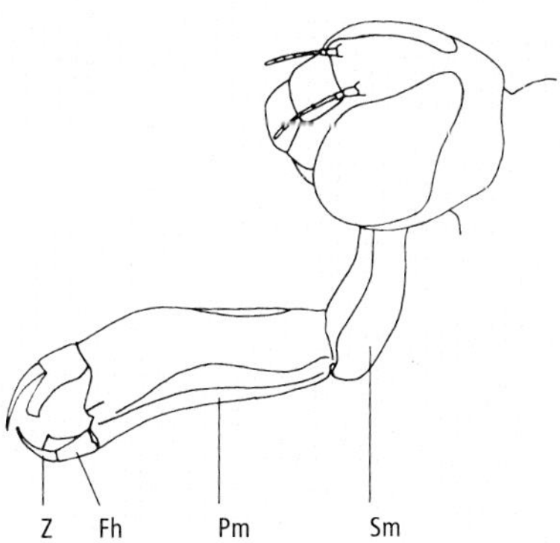

Abb. 7 Fangmaske einer Großlibellenlarve, vorgeklappt (Torf-Mosaikjungfer, *Aeshna juncea)* – Fh = Fanghaken, Pm = Praementum, Sm = Submentum, Z = beweglicher Zahn

geformt: Sie tragen an ihrer Spitze einen beweglichen Zahn. Die Fangmaske kann zum Ergreifen eines Beutetiers weit vorgeschleudert werden. Die gefangene Beute wird dann zu den Mandibeln und Maxillen geführt und von diesen zerkleinert.
Viele Anisopterenlarven besitzen deutliche Dorne an den Abdominalsegmenten. Nach ihrer Anordnung lassen sich Dorsaldorne (oben in der Rückenmitte) und Lateraldorne (an den Körperseiten) unterscheiden. Da die Ausbildung dieser Dorne von Art zu Art sehr verschieden ist, eignen sie sich gut zur Bestimmung. Vielfach werden sie aber erst nach einer gründlichen Reinigung der Larven sichtbar, speziell bei Boden bewohnenden Arten. Die Analpyramide der Anisopterenlarven setzt sich aus fünf spitzen Stacheln zusammen (Abb. 6). Manche Larven, etwa die der Gattungen Anax und Cordulegaster, können damit durchaus schmerzhafte Stiche austeilen. Die drei längeren Stacheln (zwei Lateralvalven oder Paraprocte und das in der Mitte liegende Epiproct) sind später bei der Imago nicht mehr nachzuweisen. Die beiden kürzeren Stacheln, die Cerci, entsprechen den oberen Anhängen der adulten Libelle. Bei männlichen Anisopterenlarven liegt oben auf dem Epiproct ein kleines Blättchen, das Supraanalblättchen. Aus ihm entwickelt sich später der (bei Großlibellen) unpaare untere Anhang.
Die Atmung erfolgt bei den Großlibellenlarven durch den Enddarm. Dieser ist mit einer Vielzahl winziger Kiemenblättchen besetzt (bei einer Aeshna-Larve z. B. über 20 000). Das Atemwasser wird durch Pumpbewegungen des Abdomens durch die Afteröffnung eingesogen und wieder ausgestoßen. Viele Anisopterenlarven können durch plötzliches Auspressen des Atemwassers nach dem Rückstoßprinzip schwimmen.

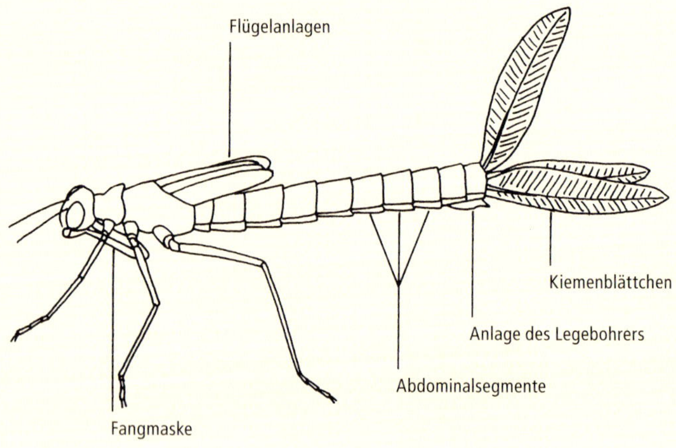

Abb. 8 Kleinlibellenlarve (*Lestes sponsa*)

Die Kleinlibellenlarven atmen ebenfalls über den Enddarm, nur sind bei ihnen meist keine erkennbaren Darmkiemen entwickelt. Die Darmatmung wird durch die drei Kiemenblättchen am Körperende unterstützt. Daneben dienen diese Blättchen aber auch der Fortbewegung. Viele Zygopterenlarven, vor allem die Lestes-Arten, können damit unter schlängelnden Bewegungen des Abdomens sehr behände schwimmen. Bei der Verfolgung durch Feinde gehen vielfach einzelne Kiemenblättchen verloren, auch werden sie bei Sauerstoffmangel gelegentlich abgeworfen. Solche Larven können sich aber normal weiterentwickeln. Sofern der Verlust nicht im letzten Larvenstadium erfolgt, werden die verlorenen Kiemenblättchen bei der nächsten Häutung regeneriert, allerdings nicht in der ursprünglichen Größe.

Westliche Weidenjungfer (*Lestes viridis*), schlüpfende Prolarve, Roggenburg, Deutschland

Entwicklung der Larve

Große Königslibelle (*Anax imperator*), Larve frisst Junglarve der gleichen Art. Ludwigsfeld, Deutschland.

Etwa drei bis vier Wochen nach der Eiablage schlüpft die Larve. Bei Arten, die spät im Jahr ablegen (z. B. bei den Teichjungfern, Familie Lestidae) schlüpfen die Larven erst im Frühjahr. Das erste Larvenstadium ist fast ungegliedert, beinahe wurmförmig und wird als Prolarve bezeichnet (siehe Foto S. 27). Bereits wenige Minuten nach dem Verlassen der Eihülle häutet sie sich zur richtigen Larve, die zunächst noch winzig ist (ca. 2 mm). Diese häutet sich im Abstand von zunächst ein bis zwei Wochen insgesamt noch sieben- bis elfmal. Die Zeitintervalle zwischen den letzten Häutungen können länger sein, bis fast ein Jahr. Die Zahl der Häutungen ist dabei von Art zu Art verschieden, kann aber auch innerhalb einer Art je nach den Entwicklungsbedingungen variieren. Insgesamt beträgt die Entwicklungsdauer der Larve im Minimum zwei bis drei Monate (z. B. bei einigen Teichjungfern), im Maximum wahrscheinlich ca. fünf Jahre (einige Quelljungfern und Keiljungfern).

Während der Larvalentwicklung vergrößern sich die Flügelanlagen bei jeder Häutung. In den ersten Stadien sind sie noch nicht erkennbar; im letzten erreichen sie ca. ein Drittel bis die Hälfte der Abdomenlänge. Auch die Anlage der weiblichen Legeröhre, die Augengröße und (bei den Zygopteren) die Breite der

Gestreifte Quelljungfer (*Cordulegaster bidentata*), Larve frisst Bachflohkrebs. Beuren, Deutschland.

Kiemenblättchen wachsen von Stadium zu Stadium. Daher ist es in vielen Fällen schwierig, schon die Junglarven bestimmten Arten zuzuordnen.
Die Libellenlarven ernähren sich nur von lebenden Beutetieren, die sie durch Vorschnellen ihrer Fangmaske ergreifen. Bei der Beute handelt es sich in erster Linie um Larven verschiedener Wasserinsekten, Kleinkrebse und Würmer. Größere Arten, wie die Edellibellen, erbeuten hin und wieder auch Jungfische und Amphibienlarven.
Nicht selten werden schwächere Artgenossen verzehrt (siehe Foto, S. 28). Gleichzeitig sind die Libellenlarven aber auch zahlreichen Verfolgern ausgesetzt, vor allem Fischen. In Fischteichen mit starkem Fischbesatz können sich daher kaum Libellen entwickeln. Viele Libellenlarven drücken sich in Bodenvertiefungen oder graben sich in den Gewässergrund ein, um so einer Verfolgung zu entgehen. Die Quelljungfer-Larven z. B. graben sich so weit ein, dass nur noch die Augen und die Analpyramide aus dem Bachbett hervorschauen. Dadurch werden sie weder von Feinden noch von ihren Beutetieren entdeckt. Kommt etwa ein Bachflohkrebs in die Nähe, wird er blitzschnell ergriffen und verzehrt, ohne dass die Larve aus ihrem Unterschlupf hervorkommt (siehe Foto oben).

Schlüpfen der Imago

Hochmoor-Mosaikjungfer (*Aeshna subarctica*), Imaginalhäutung. Neuenkirchen, Deutschland.

Schon Tage bevor die Imago schlüpft, kündigt sich dieses Ereignis an. Die Larve wird träge und nimmt keine Nahrung mehr auf. Ihre Flügelscheiden schwellen ballonförmig an, und unter ihren Augen zeichnen sich die Konturen der größeren Libellenaugen schon deutlich ab. Von Zeit zu Zeit begibt sie sich an die Wasseroberfläche und schiebt sich bis zum Thorax aus dem Wasser heraus, ein Zeichen dafür, dass sie sich allmählich von der Kiemenatmung der Larve auf die Luftatmung der Imago umstellt.
Nach einigen Tagen der Vorbereitungen ist es dann so weit: Die Larve klettert frühmorgens an einem senkrechten Pflanzenstängel empor und verankert sich mit ihren Fußkrallen an der Unterlage, meist etwa einen halben Meter über dem Wasserspiegel. Dabei versichert sie sich durch umherschwenkende Bewegungen mit dem Abdomen, dass sie beim Schlüpfen nirgendwo auf Hindernisse stößt.
Plötzlich beginnt der Thoraxrücken und wenig später die Oberseite des Kopfes aufzuplatzen, und im immer breiter werdenden Spalt werden Thorax und Kopf der Imago sichtbar. Langsam schiebt sich der Vorderkörper der Libelle aus der Larvenhaut und lässt sich nach hinten sinken (siehe zweites Foto von links). An den Thoraxseiten erscheinen dabei weiße Fäden, die Auskleidungen der Tracheenhauptstämme. Schließlich sind auch die lappig zusammengefalteten Flügel und die Abdomenbasis frei geworden, und die Libelle verharrt kopfunter mit angezogenen Beinen, nur noch mit der Abdomenspitze in der Larvenhülle verankert.
Diese Ruhestellung wird etwa eine halbe bis ganze Stunde eingenommen. Dann schwingt die Libelle ganz unvermittelt ihren Körper nach oben und krallt sich an der leeren Larvenhaut, der Exuvie, fest (siehe zweites Foto von rechts). Sekunden später gleitet das Abdomen endgültig aus der Exuvie heraus (siehe Foto rechts). Nun werden die lappig herabhängenden Flügelstummel durch Einpumpen von Blutflüssigkeit gestreckt (siehe Foto S. 31). Nachdem sie vollständig ausgebreitet und glasartig durchsichtig geworden sind, wird als Letztes das Abdomen auf seine endgültige Länge gestreckt. Kurz darauf öffnet die Libelle ihre Flügel und fliegt wenig später davon.
Der gesamte Vorgang vom Platzen der Larvenhaut bis zum Öffnen der Flügel dauert bei einer Edellibelle, auf die sich die bisherigen Ausführungen beziehen, etwa eine bis drei Stunden, je nach der Temperatur. Bei den meisten übrigen Großlibellen erfolgt das Schlüpfen etwa nach dem gleichen Schema. Das Schlüpfen der Kleinlibellen verläuft dagegen etwas einfacher und schneller. Bei ihnen kommt die Imago nach oben aus der Exuvie hervor, klammert sich über oder auf dieser fest und befreit dann das Abdomen. Es fehlt die für Großlibellen typische Abwärtsstellung. Die Flussjungfern verhalten sich beim Schlüpfen anders als die übrigen Großlibellen. Auch

Schlüpfen der Imago

Die Große Zangenlibelle (*Onychogomphus uncatus*) schlüpft wie alle Flussjungfern nach oben aus der Exuvie. Mas Thibert, Frankreich.

sie kommen wie die Kleinlibellen nach oben aus der Exuvie hervor (siehe Foto oben). Oft bleibt die Larve teilweise im Wasser, und vielfach streckt die Libelle ihre Flügel in waagerechter Haltung. Der Vorgang des Schlüpfens dauert hier vom Platzen der Larvenhaut bis zum Öffnen der Flügel manchmal nur eine halbe Stunde.

Die meisten Libellen schlüpfen frühmorgens. Manche Arten, etwa die Große Königslibelle (*Anax imperator*), verlassen aber schon abends das Wasser und schlüpfen noch während der Dunkelheit. Dagegen kann man z. B. *Cordulia aenea* auch noch während der frühen Nachmittagsstunden schlüpfen sehen. Die sicherste Methode, Libellen beim Schlüpfen zu beobachten, ist es, am ersten sonnigen Tag nach einer längeren Schlechtwetterperiode an gute Libellengewässer zu gehen. Kurz nach Sonnenaufgang kann man dort zur richtigen Jahreszeit sicher mit dem Schlüpfen einiger Libellen rechnen. Manche Arten schlüpfen übrigens verteilt über eine längere Zeitspanne (z. B. die Torf-Mosaikjungfer, *Aeshna juncea*, die Große Pechlibelle, *Ischnura elegans* und die Gebänderte Prachtlibelle, *Calopteryx splendens*), während andere ganz konzentriert an wenigen Tagen schlüpfen, sodass man u. U. hundert und mehr Individuen gleichzeitig dabei beobachten kann, so z. B. bei der Großen Königslibelle (*Anax imperator*) möglich.

Herbst-Mosaikjungfer (*Aeshna mixta*), nach dem Schlupf zurückgebliebene Exuvie. Wilstedt, Deutschland.

Lebensräume der Libellen

Ansprüche an die Lebensräume

Einige Libellen sind hinsichtlich ihrer Lebensräume wenig wählerisch. Sie entwickeln sich in kleinen, stark verwachsenen Tümpeln ebenso wie in vegetationsarmen großen Seen, in schlammigen Gräben und teilweise selbst in Fließgewässern, sofern diese keine allzu turbulente Strömung aufweisen. Zu solchen so genannten euryöken Arten gehören etwa die Blaugrüne Mosaikjungfer (*Aeshna cyanea*), die Große Pechlibelle (*Ischnura elegans*) und die Hufeisen-Azurjungfer (*Coenagrion puella*). Eine Gruppe etwas anspruchsvollerer Arten kommt ebenfalls an einer Vielzahl unterschiedlicher Gewässertypen vor, benötigt aber eine gut entwickelte Wasservegetation. Hierzu gehören z.B. der Vierfleck (*Libellula quadrimaculata*), die Gemeine Heidelibelle (*Sympetrum vulgatum*) und die Frühe Adonislibelle (*Pyrrhosoma nymphula*).
Diese recht anpassungsfähigen Arten sind aber bei weitem in der Minderzahl. Ihnen steht eine viel größere Zahl spezialisierter Arten gegenüber, die sich jeweils nur in ganz bestimmten Gewässertypen entwickeln können. Manche dieser so genannten stenöken Libellen leben z.B. als Larven nur in winzigen

Die Hufeisen-Azurjungfer (*Coenangrion puella)* kann an sehr unterschiedlichen Gewässertypen leben. Winkeldorf, Deutschland.

Die Kleine Zangenlibelle (*Onychogomphus forcipatus*) fliegt nur an Fließgewässern und Seen mit stärkerer Wasserbewegung. Elpershofen/Jagst, Deutschland.

Quellrinnsalen, andere in sauberen, sandigen Bächen, in flachen Lehmpfützen oder in kaum sichtbaren Torfmoos-Schlenken. Um die speziellen Ansprüche einiger Arten zu verdeutlichen, werden 18 ausgewählte Libellenbiotope aus verschiedenen Gegenden Mittel-und Südeuropas mit ihrer typischen Libellenfauna vorgestellt. Die Beispiele sind so vielseitig wie möglich ausgewählt. Unter ihnen finden sich Gewässer, die jeder in seiner engsten Umgebung in ähnlicher Form finden kann, aber auch solche, die durch ihre auserlesene Libellenfauna einmalig in Mitteleuropa sein dürften. Dabei erscheinen viele der wertvollsten Libellengewässer zunächst gar nicht einmal besonders vielversprechend. Erst eine eingehende Untersuchung, die sich oft über mehrere Jahre erstrecken muss, lässt ihre besondere Bedeutung erkennen. Die hier vorgestellten Libellengewässer wurden von mir zum Teil nur einmal besucht, andere zahlreiche Male. Daher sind die Artenlisten teilweise sehr unvollständig, während in anderen Fällen das Artspektrum fast vollständig erfasst sein kann.

ALTWASSER IM KANTON AARGAU (SCHWEIZ)

Altwasser sind die letzten Reste natürlicher Gewässer in unseren Flussauen. Die meisten von ihnen sind aber heute stark verunreinigt oder mit Fischen überbesetzt. Die Vegetation ist vielfach durch Angler und Bootsfahrer stark gestört. Intakte, gut besonnte Altwasser mit reicher Unterwasser- und Schwimmblattvegetation sind daher heute kaum noch zu finden. Seinen besonderen Wert hatte dieses Gebiet als eines der wenigen bekannten Vorkommen der Zierlichen Moosjungfer in der Schweiz. Diese Art gehört inzwischen im gesamten Mitteleuropa zu den hochgradig gefährdeten. Innerhalb Deutschlands wurde sie, außer im gezeigten Gebiet, vor allem in Brandenburg nachgewiesen. Sehr selten auch in manchen Jahren in Bayern, Baden-Württemberg und Mecklenburg-Vorpommern. Außer dieser Art in Niedersachsen können sich aber noch u. a. die folgenden Arten entwickeln:

Frühe Adonislibelle, *Pyrrhosoma nymphula*
Fledermaus-Azurjungfer, *Coenagrion pulchellum*,
Großes Granatauge, *Erythromma najas*
Kleines Granatauge, *Erythromma viridulum*
Keilfleck-Mosaikjungfer, *Aeshna isoceles*
Große Königslibelle, *Anax imperator*
Kleine Königslibelle, *Anax parthenope*
Falkenlibelle, *Cordulia aenea*
Spitzenfleck, *Libellula fulva*
Feuerlibelle, *Crocothemis erythraea*
Zierliche Moosjungfer, *Leucorrhinia caudalis*

Altwasser im Kanton Aargau (Schweiz)

Bullensee bei Ostertimke (Niedersachsen)

BULLENSEE BEI OSTERTIMKE (NIEDERSACHSEN)

Dieser See im norddeutschen Flachland geht an einer Seite in einen ausgedehnten Schwingrasen über. Durch den Einfluss dieser kaum betretbaren Moorfläche können hier neben typischen Seebewohnern auch seltene Moorarten auftreten:

Gemeine Binsenjungfer,
Lestes sponsa
Westliche Weidenjungfer,
Chalcolestes viridis
Zarte Rubinjungfer,
Ceriagrion tenellum
Gemeine Becherjungfer,
Enallagma cyathigerum
Kleines Granatauge,
Erythromma viridulum
Blaugrüne Mosaikjungfer,
Aeshna cyanea
Vierfleck,
Libellula quadrimaculata

Eine große Besonderheit dieses Gebiets ist die Späte Adonislibelle, die nur von sehr wenigen Fundorten aus Norddeutschland bekannt ist. Zudem ist das Naturschutzgebiet Lebensraum für weitere Libellenarten, wie die Arktische Smaragdlibelle oder die Kleine Moosjungfer.

Moorsee bei Woltem (Lüneburger Heide)

MOORSEE BEI WOLTEM (LÜNEBURGER HEIDE)
Dieser Moorsee ist vermutlich als eiszeitliche Ausblasungsmulde (Schlatt) entstanden. Er ist überall sehr flach (ca. 50 cm) und dadurch fast in ganzer Ausdehnung mit dichter Verlandungsvegetation, vor allem aus Wollgras (*Eriophorum angustifolium*) und Torfmoos (*Sphagnum*), bewachsen. Wegen seines niedrigen pH-Wertes fehlen Fische völlig, dafür dominieren unter den Libellen seltene Moorarten:

Gemeine Binsenjungfer,
Lestes sponsa
Gemeine Becherjungfer,
Enallagma cyathigerum
Speer-Azurjungfer,
Coenagrion hastulatum
Torf-Mosaikjungfer,
Aeshna juncea
Hochmoor-Mosaikjungfer,
Aeshna subarctica
Braune Mosaikjungfer,
Aeshna grandis
Große Königslibelle,
Anax imperator
Vierfleck,
Libellula quadrimaculata
Schwarze Heidelibelle,
Sympetrum danae
Kleine Moosjungfer,
Leucorrhinia dubia
Nordische Moosjungfer,
Leucorrhinia rubicunda

Vergleichbare Moorgewässer gab es in Norddeutschland früher in großer Zahl. Die meisten von ihnen sind aber heute durch Badebetrieb und Eutrophierung stark gestört oder nach Kalkung in Fischteiche umgewandelt.

ALPINES MOOR BEI ELLMAU (TIROL)

Dieses kleine, in 1550 m Höhe in einer Mulde gelegene alpine Moor hat eine Ausdehnung von nur etwa 100 m. Auf der einen Seite liegt ein tiefer Moorkolk, im Übrigen besteht es aus einem labilen Schwingrasen und zahlreichen kleinen Schlenken. Wertvolle alpine Kleinstmoore wie das abgebildete werden nur allzu leicht übersehen. Als lästige Unebenheiten im Gelände sind mittlerweile viele von ihnen unter Skipisten und komfortablen Almerschließungsstraßen begraben. Die Libellenfauna ist angesichts der Höhenlage in manchen Jahren recht artenreich:

Gemeine Binsenjungfer,
Lestes sponsa
Hufeisen-Azurjungfer,
Coenagrion puella
Speer-Azurjungfer,
Coenagrion hastulatum
Alpen-Mosaikjungfer,
Aeshna caerulea
Torf-Mosaikjungfer,
Aeshna juncea
Hochmoor-Mosaikjungfer,
Aeshna subarctica
Alpen-Smaragdlibelle,
Somatochlora alpestris
Vierfleck,
Libellula quadrimaculata
Kleine Moosjungfer,
Leucorrhinia dubia

Bemerkenswert ist das Vorkommen von *Aeshna caerulea*, einer sehr seltenen Art, die in Mitteleuropa nur in Höhen von über 1000 m vorkommt.

Alpines Moor bei Ellmau (Tirol)

HANGQUELLMOOR BEI FORCHACH (TIROL)
Quellmoore besitzen oft eine sehr kleinräumige Ausdehnung, können aber große Raritäten beherbergen. In diesem Quellgebiet am Rand des Tiroler Lechtals sind immer wieder die folgenden drei Libellenarten zu beobachten:

Gestreifte Quelljungfer,
Cordulegaster bidentata
Plattbauch,
Libellula depressa
Kleiner Blaupfeil,
Orthetrum coerulescens

Besonders erwähnenswert ist die Gestreifte Quelljungfer, die trotz ihrer imposanten Größe immer nur an winzigen Quellrinnsalen zu finden ist, besonders an solchen mit Kalktuffbildung. Wegen der Bindung an solche oft kaum sichtbaren Kleinstgewässer, an denen kaum jemand ein Vorkommen von Libellen vermutet, sind wir bisher erst unzureichend über die tatsächliche Verbreitung dieser auffallenden Art informiert. Sie gilt inzwischen als "potenziell gefährdet".

Hangquellmoor bei Forchach (Tirol)

GRABEN IM HOLLERLAND BEI BREMEN
Die küstennahen Flussniederungen werden vielerorts von einem dichten Netz aus Entwässerungsgräben durchzogen. An dem hier gezeigten Graben konnte sich in den vergangenen Jahren immer wieder eine vielfältige Libellenfauna ansiedeln:

Gemeine Binsenjungfer,
Lestes sponsa
Große Pechlibelle,
Ischnura elegans
Hufeisen-Azurjungfer,
Coenagrion puella
Fledermaus-Azurjungfer,
Coenagrion pulchellum
Grüne Mosaikjungfer,
Aeshna viridis
Braune Mosaikjungfer,
Aeshna grandis
Keilfleck-Mosaikjungfer,
Aeshna isoceles
Herbst-Mosaikjungfer,
Aeshna mixta
Gemeine Heidelibelle,
Sympetrum vulgatum
Schwarze Heidelibelle,
Sympetrum danae

Eine Besonderheit ist das Vorkommen der sehr seltenen *Aeshna viridis*, die nur an Gewässern mit reichen Beständen der Krebsschere (*Stratiotes aloides*) fliegt. Die Pflanze bildet in gerade diesem Graben einen dichten Teppich. Von Zeit zu Zeit müssen die Gräben frei geräumt werden, da sie sonst in wenigen Jahren völlig verlanden würden. Zur Schonung der Libellenlarven und anderer Wassertiere darf die Ausräumung aber immer nur abschnittweise erfolgen.

Graben im Hollerland bei Bremen

Landwehr bei Thedinghausen (Niedersachsen)

LANDWEHR BEI THEDINGHAUSEN (NIEDERSACHSEN)

Die Landwehr ist ein mehrere Meter breiter Entwässerungsgraben in der Weserniederung oberhalb von Bremen. Hier fliegen u. a. die folgenden Libellenarten:

Herbst-Mosaikjungfer,
Aeshna mixta
Große Königslibelle,
Anax imperator
Gemeine Heidelibelle,
Sympetrum vulgatum
Gebänderte Heidelibelle,
Sympetrum pedemontanum
Schwarze Heidelibelle,
Sympetrum danae

Recht zahlreich tritt hier neuerdings die seltene Gebänderte Heidelibelle auf. Nachdem sie noch vor etwa 20 Jahren in dieser Gegend zu den größten Raritäten gehörte, wurde sie für einige Jahre hier plötzlich an vielen Stellen beobachtet. Diese Erscheinung, die möglicherweise mit verschiedenen neu entstandenen Gewässern zusammenhing, war allerdings nur wenige Jahre auffällig. Inzwischen gibt es nur noch wenige Gewässer, an denen im Wesertal diese schöne Art noch häufig vorkommt, wie etwa am hier gezeigten Gewässer.

JAGST BEI ELPERSHOFEN (BADEN-WÜRTTEMBERG)

Fließgewässer sind bei uns eher artenarme Libellenbiotope, da die meisten Libellenarten in Mitteleuropa Bäche und Flüsse meiden. Zu den wenigen reicher besiedelten Flüssen Süddeutschlands gehört die Jagst, an der man z. B. die folgenden Arten antreffen kann, in manchen Jahren in großer Individuenzahl:

Gebänderte Prachtlibelle, *Calopteryx splendens*
Blauflügel-Prachtlibelle, *Calopteryx virgo*
Blaue Federlibelle, *Platycnemis pennipes*
Saphirauge, *Erythromma lindenii*
Gemeine Keiljungfer, *Gomphus vulgatissimus*
Grüne Flussjungfer, *Ophiogomphus cecilia*
Kleine Zangenlibelle, *Onychogomphus forcipatus*

Mit den beiden Prachtlibellen und drei Flussjungfer-Arten kommt an diesem Fluss etwa die Hälfte aller typischen heimischen Fließwasserlibellen vor. Die Blaue Federlibelle und das Saphirauge sind dagegen eher an Stillgewässern heimisch, können aber auch an langsam fließenden Flussabschnitten beobachtet werden.

Jagst bei Elpershofen (Baden-Württemberg)

EHEMALIGER FISCHTEICH BEI INGSTETTEN (LANDKREIS NEU-ULM)

Dieser ehemalige Fischteich wurde als Naturschutzgewässer umgestaltet und zeichnet sich durch eine außerordentlich reiche Libellenfauna aus. Er hat eine dichte Wasservegetation, vor allem aus Wasserpest (*Elodea*), ringsum flachen Uferbereichen und an einigen Stellen eine gut entwickelte Verlandungsvegetation aus Schachtelhalm (*Equisetum*), Seggen (*Carex*) und Sumpfbinsen (*Heleocharis*).

Gemeine Binsenjungfer,
Lestes sponsa
Westliche Weidenjungfer,
Chalcolestes viridis
Große Pechlibelle,
Ischnura elegans
Hufeisen-Azurjungfer,
Coenagrion puella
Gemeine Becherjungfer,
Enallagma cyathigerum
Hufeisen-Azurjungfer,
Coenagrion puella
Großes Granatauge,
Erythromma najas
Kleines Granatauge,
Erythromma viridulum
Herbst-Mosaikjungfer,
Aeshna mixta
Braune Mosaikjungfer,
Aeshna grandis
Große Königslibelle,
Anax imperator
Vierfleck,
Libellula quadrimaculata
Plattbauch,
Libellula depressa
Großer Blaupfeil,
Orthetrum cancellatum
Feuerlibelle,
Crocothemis erythraea
Gemeine Heidelibelle,
Sympetrum vulgatum
Blutrote Heidelibelle,
Sympetrum sanguineum

Ehemaliger Fischteich bei Ingstetten (Landkreis Neu-Ulm)

FISCHTEICHE BEI BERNRIED (BAYERN)

Fischteiche erscheinen weniger geeignet als Libellenbiotope, da in ihnen der Fraßdruck durch die Fische extrem hoch ist. Dennoch kann man auch dort immer wieder ganz bestimmte Libellenarten antreffen, wie etwa in diesem Fall die Arten:

Große Pechlibelle,
Ischnura elegans
Gemeine Becherjungfer,
Enallagma cyathigerum
Gemeine Heidelibelle,
Sympetrum vulgatum
Sumpf-Heidelibelle,
Sympetrum depressiusculum

Besonders hervorzuheben wäre hier die Sumpf-Heidelibelle. Sie findet in den alljährlich abgelassenen und den Winter über trockenliegenden Fischteichen oft ihren optimalen Lebensraum. Die Eiablage dieser spät fliegenden Art erfolgt am Gewässerufer. Ihre Larven schlüpfen erst im Frühjahr aus den Eiern, wenn der Teich wieder Wasser führt. Das Gleiche gilt auch für andere Heidelibellen, doch bei den übrigen ist die Abhängigkeit von der winterlichen Trockenphase nicht derart offensichtlich.

Fischteiche bei Bernried (Bayern)

Naturschutztümpel bei Winkeldorf (Niedersachsen)

NATURSCHUTZTÜMPEL BEI WINKELDORF (NIEDERSACHSEN)

Tümpel gehören fast überall zu den artenreichsten Lebensräumen, sofern sie nicht mit Unrat zugeschüttet oder einfach als unerwünschte „Störstellen" im Gelände eingeebnet wurden. Wie artenreich in vielen Jahren auch die Libellenfauna eines solchen Kleingewässers zusammengesetzt sein kann, soll das hier vorgestellte Beispiel eines als Naturschutzmaßnahme entstandenen, nur etwa 10 m großen Gewässers in Norddeutschland verdeutlichen (diese Liste ist mit Sicherheit noch unvollständig):

Gemeine Binsenjungfer, *Lestes sponsa*
Glänzende Binsenjungfer, *Lestes dryas*
Kleine Binsenjungfer, *Lestes virens*
Südliche Binsenjungfer, *Lestes barbarus*
Westliche Weidenjungfer, *Chalcolestes viridis*
Hufeisen-Azurjungfer, *Coenagrion puella*
Blaugrüne Mosaikjungfer, *Aeshna cyanea*
Torf-Mosaikjungfer, *Aeshna juncea*
Große Königslibelle, *Anax imperator*
Frühe Heidelibelle, *Sympetrum fonscolombii*
Große Heidelibelle, *Sympetrum striolatum*
Blutrote Heidelibelle, *Sympetrum sanguineum*
Schwarze Heidelibelle, *Sympetrum danae*

Besonders bemerkenswert erscheint hier das gleichzeitige Auftreten aller fünf in Deutschland heimischen Lestes-Arten.

EHEMALIGE KIESGRUBE BEI LUDWIGSFELD (BAYERN)

Dieses Kiesgrubengelände wurde, anders als bei den meisten vergleichbaren Abbaugebieten, nach der Kiesentnahme nicht wieder verfüllt, sondern gezielt als Schutzgebiet vor allem für Vögel und Libellen umgestaltet. Bei einem landesweiten Vergleich erwies es sich daraufhin sogar als bestes Libellengebiet in ganz Bayern. Hier entwickeln sich u. a. die Arten:

Gemeine Winterlibelle,
Sympecma fusca
Saphirauge,
Erythromma lindenii
Kleines Granatauge,
Erythromma viridulum
Große Pechlibelle,
Ischnura elegans
Gemeine Becherjungfer,
Enallagma cyathigerum
Herbst-Mosaikjungfer,
Aeshna mixta
Südliche Mosaikjungfer,
Aeshna affinis
Blaugrüne Mosaikjungfer,
Aeshna cyanea
Braune Mosaikjungfer,
Aeshna grandis
Westliche Keiljungfer,
Gomphus pulchellus
Falkenlibelle,
Cordulia aenea
Vierfleck,
Libellula quadrimaculata
Großer Blaupfeil,
Orthetrum cancellatum
Feuerlibelle,
Crocothemis erythraea
Gemeine Heidelibelle,
Sympetrum vulgatum

Ehemalige Kiesgrube bei Ludwigsfeld (Bayern)

WEGPFÜTZE BEI WITZIGHAUSEN (BAYERN)
Zu den extremsten noch für Libellen nutzbaren Lebensräumen gehören Wegpfützen. Doch selbst in der hier gezeigten kleinen Pfütze, die sich alljährlich in der Zufahrt zu einer Sandgrube bildet und dann bis zum Spätsommer wieder austrocknet, entwickeln sich offenbar regelmäßig Libellen, und zwar die Arten:

Kleine Pechlibelle,
Ischnura pumilio
Plattbauch,
Libellula depressa

Während erstere sich durch eine besonders schnelle Entwicklung auszeichnet (sie bringt jährlich meist zwei Generationen hervor) und dadurch die kurze Zeit der Wasserführung zu nutzen vermag, gräbt sich die Larve der anderen – die eine ein- bis zweijährige Entwicklungszeit besitzt – beim Eintrocknen tief in den Boden ein und übersteht so die Trockenphase. Die hier gezeigte Pfütze war im September 2012 vollständig ausgetrocknet; zudem war der Boden hier durch ein schweres Baufahrzeug extrem verdichtet worden. Nachdem sie wenige Wochen später erneut Wasser führte, waren auch die Plattbauchlarven wieder anzutreffen.

Wegpfütze bei Witzighausen (Bayern)

Tümpel bei Svetvincenat (Kroatien)

TÜMPEL BEI SVETVINCENAT (KROATIEN)

In Südeuropa haben stehende Kleingewässer fast überall Seltenheitswert, besonders in felsigen Karstgebieten wie an der kroatischen Adriaküste. Die wenigen derartigen Tümpel sind als Viehtränken sehr begehrt und werden entsprechend vor schädigenden Einflüssen bewahrt, ganz im Gegensatz zu den Verhältnissen in unseren Breiten. Am hier gezeigten Tümpel, der offensichtlich in einer Doline (also einer Grube, die sich durch den Einsturz eines unterirdischen Hohlraums gebildet hat) entstanden ist, kann man in manchen Jahren innerhalb weniger Tage die folgende Libellengemeinschaft beobachten:

Große Pechlibelle,
Ischnura elegans
Gabel-Azurjungfer,
Coenagrion scitulum
Saphirauge,
Erythromma lindenii
Kleines Granatauge,
Erythromma viridulum
Große Königslibelle,
Anax imperator
Kleine Königslibelle,
Anax parthenope
Plattbauch,
Libellula depressa
Großer Blaupfeil,
Orthetrum cancellatum
Südlicher Blaupfeil,
Orthetrum brunneum
Feuerlibelle,
Crocothemis erythraea
Frühe Heidelibelle,
Sympetrum fonscolombii

Canal de Vergière (Südfrankreich)

CANAL DE VERGIÈRE (SÜDFRANKREICH)
Der Canal de Vergière wurde angelegt, um die Crau, eine extrem trockene Steinsteppe im Mündungsgebiet der Rhone, zu bewässern und damit als landwirtschaftliche Anbaufläche nutzen zu können. Dieses Vorhaben wurde glücklicherweise nur teilweise verwirklicht, sodass sich dieses Gewässer zu einem artenreichen Lebensraum für Libellen entwickeln konnte:

Gebänderte Prachtlibelle, *Calopteryx splendens*
Bronzene Prachtlibelle, *Calopteryx haemorrhoidalis*
Weiße Federlibelle, *Platycnemis latipes*
Orange Federlibelle, *Platycnemis acutipennis*
Helm-Azurjungfer, *Coenagrion mercuriale*
Südliche Azurjungfer, *Coenagrion caerulescens*
Keilfleck-Mosaikjungfer, *Aeshna isoceles*
Zweigestreifte Quelljungfer, *Cordulegaster boltonii immaculifrons*
Gelbe Keiljungfer, *Gomphus simillimus*
Kleine Zangenlibelle, *Onychogomphus forcipatus*
Große Zangenlibelle, *Onychogomphus uncatus*
Spitzenfleck, *Libellula fulva*
Feuerlibelle, *Crocothemis erythraea*
Frühe Heidelibelle, *Sympetrum fonscolombii*
Gebänderte Heidelibelle, *Sympetrum pedemontanum*

Gardon Mialet (Südfrankreich)

GARDON MIALET (SÜDFRANKREICH)

Der Gardon Mialet ist eine felsige Schlucht in den südfranzösischen Cevennen. Der Fluss Mialet bildet stellenweise tiefe Gumpen mit nur schwacher Wasserbewegung, strömt aber an anderen Stellen mit starker Turbulenz über das steinige Flussbett. Hier sind die folgenden Arten zu beobachten:

Westliche Prachtlibelle, *Calopteryx xanthostoma*
Weiße Federlibelle, *Platycnemis latipes*
Westliche Geisterlibelle, *Boyeria irene*
Gemeine Keiljungfer, *Gomphus vulgatissimus*
Gekielter Flussfalke, *Oxygastra curtisii*
Flussherrscher, *Macromia splendens*
Kleine Zangenlibelle, *Onychogomphus forcipatus*

Besonders hervorzuheben ist das Vorkommen der sehr seltenen *Macromia splendens*, die eine der größten Besonderheiten der französischen Libellenfauna darstellt.Gardon Mialet (Südfrankreich) Der Gardon Mialet ist eine felsige Schlucht in den südfranzösischen Cevennen. Der Fluss Mialet bildet stellenweise tiefe Gumpen mit nur schwacher Wasserbewegung, strömt aber an anderen Stellen mit starker Turbulenz über das steinige Flussbett. Hier sind die folgenden Arten zu beobachten: Westliche Prachtlibelle, *Calopteryx xanthostoma* Weiße Federlibelle, *Platycnemis latipes* Westliche Geisterlibelle, *Boyeria irene* Gemeine Keiljungfer, *Gomphus vulgatissimus* Gekielter Flussfalke, *Oxygastra curtisii* Flussherrscher, *Macromia splendens* Kleine Zangenlibelle, *Onychogomphus forcipatus*. Besonders hervorzuheben ist das Vorkommen der sehr seltenen *Macromia splendens*, die eine der größten Besonderheiten der französischen Libellenfauna darstellt.

TROCKEN GEFALLENES BACHBETT BEI COLLIOURE (SÜDFRANKREICH)

Während in Mitteleuropa an Bächen fast nur typische Fließwasserlibellen zu beobachten sind, kann man an kleineren südeuropäischen Fließgewässern regelmäßig auch solche Arten antreffen, die zur typischen Fauna stehender Gewässer gehören. Dies erklärt sich vor allem aus der stark schwankenden Wasserführung. Während der hier gezeigte Bach im Frühjahr große Wassermengen ins Meer leitet, fällt er im Sommer bis auf kleine Restpfützen trocken.

Orange Federlibelle,
Platycnemis acutipennis
Große Königslibelle,
Anax imperator
Zweigestreifte Quelljungfer,
Cordulegaster boltonii immaculifrons
Südlicher Blaupfeil,
Orthetrum brunneum
Feuerlibelle,
Crocothemis erythraea
Südliche Heidelibelle,
Sympetrum meridionale
Frühe Heidelibelle,
Sympetrum fonscolombii

Auch während der trockenen Jahreszeit kann es von Zeit zu Zeit immer wieder zu Sturzbächen kommen, etwa nach einem heftigen Sommergewitter. Für die Larven der Stillwasserarten, etwa der Heidelibellen, sind solche Phasen ein großes Risiko, während z. B. die Larven der Quelljungfer in den Trockenphasen ums Überleben kämpfen müssen.

Bachbett bei Collioure (Südfrankreich)

Malpartido de Caceres (Spanien)

MALPARTIDO DE CACERES (SPANIEN)
Es handelt sich hier um einen künstlich angelegten Stausee in der Extremadura, in dem das winterliche Regenwasser für die Bewässerung landwirtschaftlicher Nutzflächen, insbesondere ausgedehnter Reisfelder und Erdbeerplantagen, gespeichert wird. An diesem Gewässer ohne Zufluss, das in einer ausgesprochen dürren Umgebung angelegt ist, treten u. a. die folgenden Libellenarten auf:

Große Königslibelle,
Anax imperator
Westliche Keiljungfer,
Gomphus pulchellus
Grüne Sandjungfer,
Paragomphus genei
Großer Blaupfeil,
Orthetrum cancellatum
Treuer Kurzpfeil,
Brachythemis impartita
Frühe Heidelibelle,
Sympetrum fonscolombii

Besonders hervorzuheben ist das Vorkommen der beiden sehr wärmebedürftigen Arten *Paragomphus genei* und *Brachythemis impartita*. Während die Grüne Sandjungfer in den südeuropäischen Ländern – vorzugsweise auf der Iberischen Halbinsel – vorkommt, ist der Treue Kurzpfeil inzwischen in Europa auch auf Sardinien und Sizilien sowie in Gebieten an der türkischen Mittelmeerküste nachgewiesen.

Gefährdung und Schutz

Mittlerweile umfasst die Rote Liste der gefährdeten Libellen Deutschlands (Ott & Piper 1998) 44 Arten, das sind etwa 60 % der heimischen Vertreter (Vermehrungsgäste nicht mitgerechnet). Für die Gefährdung gibt es eine Vielzahl von Ursachen. Ich beschränke mich auf einige der wichtigsten.

Die meisten Gewässer, allen voran die Fließgewässer, wurden durch wasserbauliche Maßnahmen stark verändert. Mäandrierende Wiesenbäche wurden zu betongefassten Fließrinnen degradiert, verzweigte Wildflüsse in ein enges Korsett aus schnurgeraden Dämmen gezwungen. Stehenden Gewässern machen besonders die steigenden Freizeitbedürfnisse zu schaffen. So gibt es heute kaum noch einen See oder Weiher, der nicht von Badegästen, Surfern oder Freizeitanglern bevölkert wird. Zunächst leidet die Vegetation unter dieser Belastung. Wenig später sind auch die meisten Libellen verschwunden. Tümpel und Sumpfgebiete werden aufgefüllt und eingeebnet, um so die landwirtschaftlich nutzbare Fläche zu vergrößern. Die meisten Moore sind inzwischen trockengelegt und abgetorft, doch selbst heute noch findet weiterhin an vielen Stellen Torfabbau statt. Viele ursprünglich intakte Gewässer wurden schließlich direkt durch Einleitung giftiger Abwässer oder indirekt durch Düngung angrenzender Nutzflächen so stark in ihrem ökologischen Gleichgewicht gestört, dass sich in ihnen keine oder nur noch wenige Libellenarten entwickeln können. Vielfach erscheint als letzter Ausweg aus dieser Misere eine Ausweisung wertvoller Gewässer als Naturschutzgebiet. Doch selbst diese scheinbar sichere Lösung erweist sich nicht selten als Irrweg. Fast immer bleibt nämlich selbst in Naturschutzgebieten eine fischereirechtliche Nutzung gestattet. Damit dürfen weiterhin zentnerweise Nutzfische eingesetzt werden, die dann über die zu schützenden Tiere, z. B. Libellen- und Amphibienlarven herfallen. Unterdessen hat aber der Gesetzgeber die Initiative ergriffen und mit Wirkung vom 25. August 1980 sowie in leicht veränderter Fassung ab 1. Januar 1987 alle heimischen Libellenarten unter Schutz gestellt. Damit ist es also nun verboten, Libellen und ihre Larven zu fangen, zu töten und etwa in eine Sammlung zu überführen. Die folgenden Libellen werden als „vom Aussterben bedrohte, besonders geschützte Arten" gesondert angeführt:

Alpen-Mosaikjungfer, *Aeshna caerulea*
Grüne Mosaikjungfer, *Aeshna viridis*
Zarte Rubinjungfer, *Ceriagrion tenellum*
Hauben-Azurjungfer, *Coenagrion armatum*
Bileks Azurjungfer, *Coenagrion hylas*
Helm-Azurjungfer, *Coenagrion mercuriale*
Vogel-Azurjungfer, *Coenagrion ornatum*
Gestreifte Quelljungfer, *Cordulegaster bidentata*
Zweifleck, *Epitheca bimaculata*
Östliche Keiljungfer, *Gomphus flavipes*
Gelbe Keiljungfer, *Gomphus simillimus*
Gemeine Keiljungfer, *Gomphus vulgatissimus*
Östliche Moosjungfer, *Leucorrhinia albifrons*
Zierliche Moosjungfer, *Leucorrhinia caudalis*
Große Zangenlibelle, *Onychogomphus uncatus*
Grüne Flussjungfer, *Ophiogomphus cecilia*
Südlicher Blaupfeil, *Orthetrum brunneum*

Blutrote Heidelibelle (*Sympetrum sanguineum*), ♂ in „Obeliskenhaltung". Posthausen, Deutschland.

Diese Arten unterliegen einem noch strengeren Schutz, d. h., dass sie z. B. nicht mutwillig gestört oder beunruhigt werden dürfen, was unter Umständen auch durch das Fotografieren geschehen kann. Diese Verbote gelten aber nur für Libellensammler. Sobald landwirtschaftliche, fischereiwirtschaftliche, wasserbauliche oder ähnliche, dem Wohl der Allgemeinheit dienende Interessen berührt werden, gelten sie dagegen nicht. Daher werden auch weiterhin unsere Libellen (und mit ihnen eine Vielzahl weiterer bedrohter Tiere und Pflanzen) den oben erwähnten Umweltzerstörungen zum Opfer fallen.

FANG, HALTUNG UND SAMMELN

Viele Libellenarten sind im Gelände leicht anzusprechen. Bei besonders scheuen, flugtüchtigen Arten kann ein Fernglas (8-fach, möglichst mit Naheinstellung) gute Dienste leisten. In vielen Fällen reicht aber die Ferndiagnose nicht aus. Die Azurjungfern der Gattung *Coenagrion* und die Heidelibellen der Gattung *Sympetrum* etwa müssen gefangen und in die Hand genommen werden, um sie sicher zu erkennen. Um die Gefahr einer Verletzung der Tiere so gering wie möglich zu halten, sollte man sie mit zwei Fingern an den Thoraxseiten, niemals an den Flügeln anfassen. Zum Fang benötigt man ein Fangnetz möglichst aus schwarzem oder grünem Tüll, mit ca. 30 cm Durchmesser, an einem etwa 1 m langen Stiel. Um keine Schwierigkeiten zu bekommen, sollte man sich bei der zuständigen höheren Naturschutzbehörde (Regierungspräsidium) eine Ausnahmegenehmigung einholen. Normalerweise können die sicher bestimmten Tiere anschließend wieder freigelassen werden; bei einigen Problemarten erscheint mir aber eine Belegnahme dringend erforderlich. Ansonsten ist das Anlegen einer Libellensammlung in der heutigen Zeit nicht mehr besonders sinnvoll, wenn auch gesagt werden muss, dass die dadurch heraufbeschworenen Gefahren für die Libellenfauna maßlos übertrieben dargestellt werden. Ein sehr reizvolles Kapitel ist das Studium der Libellenexuvien. Sie lassen sich an den Schlüpforten oft in großer Zahl absammeln, ohne dadurch die Libellen zu schädigen. Man kann sie wie Insekten nadeln und mit ihnen eine Sammlung anlegen. Da die Larven vieler Arten nur unzureichend bekannt sind, eröffnet sich hier noch ein breites Feld für eine sinnvolle Tätigkeit. Auch die Aufzucht der Larven ist eine lohnende Beschäftigung; sie ist allerdings, wie das Fangen der Imagines, genehmigungsbedürftig. Es ist sogar möglich, die Larven aus Eiern bis zur Imago heranzuziehen. Die Eier sind durch Mitnahme der zuvor belegten Pflanzenteile oder, etwa bei vielen Segellibellen, durch Eintauchen der weiblichen Abdomenspitze in ein wassergefülltes Glasröhrchen zu erhalten.

Die winzigen Junglarven kann man durch tropfenweise Zugabe einer Paramecium-Kultur füttern. Derartige Kulturen von Pantoffeltierchen lassen sich leicht herstellen, indem man ein Glas mit Tümpelwasser füllt, es anschließend mit Wasserpflanzen vollstopft und dann etwa eine Woche sich selbst überlässt.) Später gibt man Wasserflöhe, Mückenlarven, Wasserasseln oder ähnliche Wassertiere als Nahrung. In Notzeiten (Winter) ist Tubifex (in Zierfischhandlungen erhältlich) ein gutes Futter. Bei guter Fütterung lässt sich die Entwicklungsgeschwindigkeit erheblich beschleunigen. So betrug die Entwicklungsdauer einer Larve der Kleinen Mosaikjungfer (*Brachytron pratense*) vom Schlüpfen aus dem Ei bis zum letzten Larvenstadium bei mir sechs Monate, im Freiland dagegen zwei bis drei Jahre. Zur Haltung von Libellenlarven eignen sich am besten flache, durchsichtige Kunststoffschalen („Kühlschrank"-Schalen), die zum Schutz vor Staub abgedeckt werden sollten. Eine Zugabe von Wasserpflanzen ist nicht erforderlich; manche Arten suchen aber Strukturen zum Anklammern (Schilfhalme) oder Eingraben (Sand).

Bei empfindlichen Arten – Fließwasserlibellen – darf die Wassertiefe höchstens 2 cm betragen, dann ist eine Belüftung nicht

Schwarze Heidelibelle (*Sympetrum danae*), frisch geschlüpft. Neuenkirchen, Deutschland.

erforderlich. Nach dieser recht einfachen Methode ist es möglich, alle heimischen Arten lange Zeit am Leben zu erhalten. Selbst Keiljungfer- und Quelljungferlarven kann man so über mehrere Jahre in ganz normalem Leitungswasser halten.

FOTOGRAFIEREN

Das Fotografieren der Libellen ist eine schwierige, aber sehr lohnende Aufgabe. Man kann z. B. Verhaltensweisen dokumentieren und in vielen Fällen auch die beobachteten Arten eindeutig belegen, ohne sie fangen zu müssen. Es gibt verschiedene Möglichkeiten, zu brauchbaren Aufnahmen zu kommen. Die älteren Bilder in diesem Buch entstanden mit analogen Kleinbildspiegelreflexkameras.
Die Einführung der digitalen Fotografie hat hier aber zwischenzeitlich ganz erhebliche Erleichterungen gebracht. Viele Naturfreunde arbeiten mit teilweise recht preisgünstigen Kompaktkameras, die in vielen Fällen durchaus brauchbare Ergebnisse liefern. Wenn man aber anstrebt, wirklich druckfähige Bilder zu bekommen und auch schwierige Motive, etwa stark vergrößerte Porträtaufnahmen, zu meistern, ist die Verwendung einer digitalen Spiegelreflexkamera mit Wechseloptik unumgänglich. Bei den meisten Aufnahmen kann man auf Blitzbeleuchtung verzichten. Bei schlechten Lichtbedingungen oder starken Vergrößerungen ist ein Einsatz von Blitzlicht, am besten als Doppelblitz, sehr von Vorteil. Der große Vorteil der Digitalfotografie ist dabei die Möglichkeit, das Blitzlicht (für das eigentliche Objekt) mit dem Tageslicht (für den Hintergrund) zu mischen und dabei die Resultate unterschiedlicher Einstellungen gleich auf dem Display der Kamera beurteilen zu können. So lassen sich ohne komplizierte Rechnerei problemlos perfekt ausgeleuchtete Bilder komponieren.
Falls das zu fotografierende Objekt es zulässt, gehe ich bei der Einstellung der Werte folgendermaßen vor: Ich messe als Erstes die Belichtung bei vorgewählter Blende von 11 oder 16 und stelle in der Zeit eine leichte Unterbelichtung ein. Dann schalte ich den Blitz auf 1/4 oder 1/8 Helligkeit. Wenn die Bilder jetzt zu hell oder zu dunkel werden, korrigiere ich dies durch Änderung der Belichtungszeit (was sich vor allem auf die Hintergrundhelligkeit auswirkt) oder durch eine geänderte Blitzhelligkeit (was sich besonders auf das Objekt im Vordergrund auswirkt). Oft komme ich bei dieser Arbeitsweise auf Belichtungszeiten von etwa 1/40 s. Daher erweist sich ein Stativ (meist reicht ein Einbein) bei solchen Fotos als unentbehrlich.
Als Objektive sind Makroobjektive von 100–200 mm Brennweite zu empfehlen, die sich bis zum Abbildungsmaßstab von 1:1 einstellen lassen sollten. Da der Sensor bei den meisten Digitalkameras deutlich kleiner ist als das Kleinbildformat, verlängert sich faktisch die Objektivbrennweite, meist um den Faktor 1,5 oder 1,6. Damit ist es möglich, schon aus weiten Entfernungen die Tiere in respektabler Größe abzubilden.
Auch das Fotografieren von Libellenlarven ist nicht besonders schwierig. Man kann sie meist von oben durch die Wasseroberfläche aufnehmen. Zudem kann man die Larven in einer flachen Schale auf einen passenden Untergrund (Sand, Kies, Steine) setzen, oder auf eine Wasserpflanze, die sich über einem entsprechenden Untergrund befindet. Die Kamera muss nur bei der Aufnahme so ausgerichtet werden, dass die Blitze nicht ins Objektiv reflektieren. Diese Arbeitsweise lässt sich auch im Gelände durchführen.

Südliche Binsenjungfer (*Lestes barbarus*), gut versteckt hinter Binsenstängel. Winkeldorf, Deutschland.

Bestimmungsteil

Bestimmungsschlüssel der Imagines

In diesem Bestimmungsschlüssel werden so weit wie möglich leicht erkennbare Merkmale bevorzugt. Für eine sichere Artbestimmung ist es dennoch in vielen Fällen notwendig, die Tiere zu fangen und genau zu betrachten. Eine Lupe mit ca. 8-facher Vergrößerung kann dabei hilfreich sein. Nach Fotos lassen sich Libellen oft nicht eindeutig bestimmen, da die entscheidenden Strukturen (z. B. Flügeladern, Hinterleibsanhänge) nicht sichtbar sind. Die einzelnen Begriffe werden im Kapitel „Körperbau der Imago" (ab S. 8) erläutert. Im Schlüssel sind fast alle mitteleuropäischen Arten aufgeführt. Er ist daher außer für Deutschland auch für die Beneluxstaaten, das nördliche Frankreich, die Schweiz und Österreich zu verwenden. Verbreitungsangaben innerhalb des Schlüssels beziehen sich auf das Gebiet Mitteleuropas. Von den nur außerhalb dieses Gebiets vorkommenden Arten wurde noch die Blaue Azurjungfer *Coenagrion caerulescens* aufgenommen, da diese Libelle in Südfrankreich häufig vorkommt und leicht mit der Gabel-Azurjungfer *C. scitulum* zu verwechseln ist. Aus Platzgründen wurde auf eine vollständige Aufzählung aller wichtigen Merkmale verzichtet. Zur Absicherung der Bestimmung sind daher auch die Einzelbeschreibungen (ab S. 122) heranzuziehen.

S-1

1 Alle Flügel etwa gleich gestaltet. Komplexaugen um mehr als ihren Durchmesser voneinander entfernt. Kleinlibellen (Zygoptera). → 2

› Hinterflügel an der Basis verbreitert. Komplexaugen an der Kopfoberseite zusammenstoßend oder höchstens um ihren Durchmesser voneinander entfernt Großlibellen (Anisoptera). → 25

---

2 Flügel mit zahlreichen Antenodalqueradern (S-1). Färbung metallisch Prachtlibellen (Calopterygidae). → 3

› Flügel mit nur 2 Antenodalqueradern (S-2). → 4

S-2

---

3 Flügel beim Männchen mit breiter, blau oder grün schillernder Querbinde, beim Weibchen grünlich getönt mit hellgrünen Adern. **Gebänderte Prachtlibelle *Calopteryx splendens*** (S.140).

› Flügel beim Männchen fast vollständig grün oder blau schillernd, beim Weibchen bräunlich getönt mit hellbraunen Adern. **Blauflügel-Prachtlibelle *Calopteryx virgo*** (S.142).

S-3

4 Pterostigma steht vor 2 (–4) Flügelzellen (S-3) (Lestidae). → 5

› Pterostigma steht vor 1 (-1 1/2) Flügelzelle (S-4). → 12

S-4

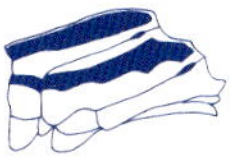

S-5

5 Körper braun mit schwarzen, bronze glänzenden Zeichnungen. → 6

› Körper grün- oder blaumetallisch, oft hell bereift. → 7

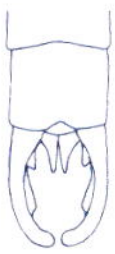

S-6

6 Obere dunkle Längsbinde des Thorax am Unterrand gerade (S-5). Untere Anhänge des Männchens fast halb so lang wie obere (S-6). **Gemeine Winterlibelle *Sympecma fusca*** (S. 134).

› Obere dunkle Längsbinde des Thorax unten ausgebuchtet (S-7). Untere Anhänge des Männchens sehr kurz (S-8). **Sibirische Winterlibelle *Sympecma paedisca*** (S. 136).

7 Pterostigma zweifarbig, innen braun, zur Flügelspitze weiß. Südliche Binsenjungfer ***Lestes barbarus*** (S. 124)

› Pterostigma einfarbig, aber oft dunkel mit hellen Randadern. → 8

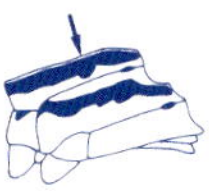

S-7

8 Kopf hinten zwischen den Augen scharf abgesetzt gelb gefärbt, sonst dunkel (S-9). **Kleine Binsenjungfer *Lestes virens*** (S. 132).

› Kopf einfarbig dunkel, aber manchmal mit heller Bereifung. → 9

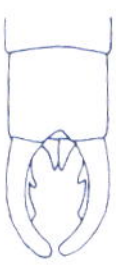

S-8

9 Pterostigma sehr groß, vor 3–4 Flügelzellen. ***Lestes macrostigma*** (S. 128).

› Pterostigma vor 2 Flügelzellen. → 10

S-9

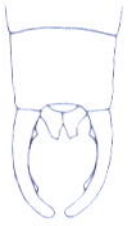

S-10

10 Pterostigma hellbraun. Untere Anhänge des Männchens kurz (S-10). Legebohrer des Weibchens vor der Spitze gezähnt (S-11). **Westliche Weidenjungfer *Chalcolestes viridis*** (S. 122).

Östliche Weidenjungfer *Chalcolestes parvidens*
Merkmale siehe Seite 122.

› Pterostigma (bei ausgefärbten Tieren) schwarzbraun bis schwarz. Untere Anhänge des Männchens lang. Legebohrer des Weibchens vor der Spitze nicht gezähnt. → 11

S-11

---

11 Untere Anhänge des Männchens gerade (S-12). Legebohrer überragt nicht die Abdomenspitze (S-13).
Gemeine Binsenjungfer *Lestes s*ponsa (S. 130)

› Untere Anhänge des Männchens an der Spitze nach innen gebogen (S-14). Legebohrer überragt die Abdomenspitze (S-15).
Glänzende Binsenjungfer ***Lestes dryas*** (S. 126)

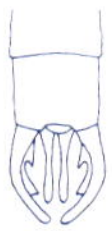

S-12

---

12 Mittel- und Hinterschienen verbreitert und abgeflacht, am Rand mit steifen Borsten (S-16) (Platycnemidae). → 13

› Mittel- und Hinterschienen nicht verbreitert (Coenagrionidae). → 14

S-13

---

13 Alle Abdominalsegmente mit dunklen Zeichnungen.
Blaue Federlibelle *Platycnemis pennipes* (S. 150)

› Beim Männchen die vorderen, beim Weibchen die hinteren Abdominalsegmente ohne dunkle Zeichnungen (nur in Frankreich).
Weiße Federlibelle *Platycnemis latipes* (S. 148)

Orange Federlibelle (früher Rote Federlibelle)
Platycnemis acutipennis Merkmale siehe Seite 148.

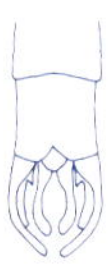

S-14

---

14 Kopf oben schwarz, ohne helle Zeichnungen. → 15

› Kopf oben schwarz, mit zwei großen hellen Flecken hinten zwischen den Augen. → 18

› Kopf oben mit schmaler hellblauer Querbinde.
Zwerglibelle *Nehalennia speciosa* (S. 186)

S-15

---

15 Abdomen zumindest teilweise rot gefärbt. → 16

› Abdomen ohne Rotfärbung. → 17

S-16

---

16 Beine schwarz.
Frühe Adonislibelle *Pyrrhosoma nymphula* (S. 188)

Balkan-Adonislibelle *Pyrrhosoma elisabethae*
Merkmale siehe Seite 188.

› Beine rötlich oder weißlich.
Zarte Rubinjungfer *Ceriagrion tenellum* (S. 152)

Große Rubinjungfer *Ceriagrion georgifreyi*
Merkmale siehe Seite 151.

S-17

17 Beim Männchen 10. Abdominalsegment oben ganz blau. Beim Weibchen Pronotum-Hinterrand zweimal tief eingekerbt, in der Mitte mit dreieckigem Zipfel (S-17).
Großes Granatauge *Erythromma najas* (S. 178).

S-18

› Beim Männchen auf dem 10. Abdominalsegment oben eine schwarze, x-förmige Zeichnung (S-18). Beim Männchen Pronotum-Hinterrand nicht zweimal eingekerbt.
Kleines Granatauge *Erythromma viridulum* (S. 180).

---

18 Pterostigma zweifarbig: innen schwarz, zur Flügelspitze weiß. → 19

› Pterostigma einfarbig dunkel. → 20

---

19 Segment 8 oben hell (blau, beim Weibchen manchmal verwaschen bräunlich), die übrigen Abdominalsegmente oben schwarz (S-19).
Große Pechlibelle *Ischnura elegans* (S. 182)

S-19

Oasen Pechlibelle *Ischnura fountaineae* Merkmale siehe Seite 182

› Beim Männchen Segment 9 und hinteres Drittel von Segment 8 oben blau (S-20). Beim Weibchen Abdomen oben ganz schwarz.
Kleine Pechlibelle *Ischnura pumilio* (S. 184)

Insel Pechlibelle *Ischnura genei* Merkmale siehe Seite 182

S-20

Spanische Pechlibelle *Coenagrion intermedium*
Merkmale siehe Seite 184

---

20 An den Abdomenseiten eine durchgehende schwarze Längsbinde.
Sibirische Azurjungfer *Coenagrion hylas* (S. 160).

Kretische Azurjungfer *Coenagrion intermedium*
Merkmale siehe Seite 160.

› Abdomenseiten ohne durchgehende Längsbinde. → 21

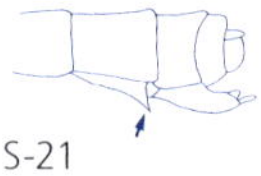
S-21

21 Männchen. → 23

› Weibchen. → 22

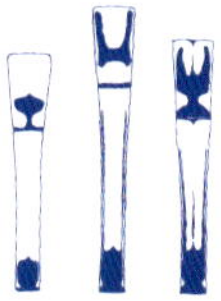
S-22 S-23 S-24

22 Legebohrer an der Basis mit abstehendem Dorn (S-21).
Gemeine Becherjungfer ***Enallagma cyathigerum*** (S. 174)

› Legebohrer ohne abstehenden Dorn. → 24

23 Unterscheidung nach der Zeichnung auf den Abdominalsegmenten 2 und 3.

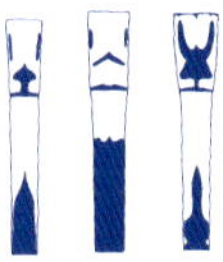
S-25 S-26 S-27

a) Wie in S-22.
Gemeine Becherjungfer *Enallagma cyathigerum* (S. 174).

b) Wie in S-23.
Hufeisen-Azurjungfer *Coenagrion puella* (S. 168).

c) Wie in S-24.
Fledermaus-Azurjungfer *Coenagrion pulchellum* (S. 170).

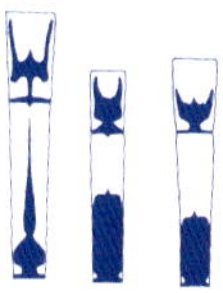
S-28 S-29 S-31

d) Wie in S-25.
Speer-Azurjungfer *Coenagrion hastulatum* (S. 158).

e) Wie in S-26.
Mond-Azurjungfer *Coenagrion lunulatum* (S. 162).

Nordische Azurjungfer *Coenagrion johanssoni*
Merkmale siehe Seite 162.

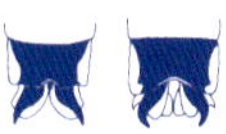
S-30 S-32

f) Wie in S-27.
Helm Azurjungfer *Coenagrion mercuriale* (S. 164).

g) Wie in S-28.
Vogel-Azurjungfer *Coenagrion ornatum* (S. 166.)

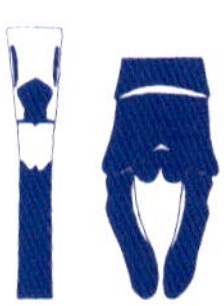
S-33 S-34

h) Wie in S-29. Spitzen der oberen Anhänge fast gerade (S-30). (Nicht in Mitteleuropa.)
Südliche Azurjungfer *Coenagrion caerulescens* (S. 156).

i) Wie in S-31. Spitzen der oberen Anhänge deutlich nach innen gebogen (S-32). **Gabel-Azurjungfer *Coenagrion scitulum*** (S. 172).

S-35

k) Wie in S-33. Untere Anhänge auffallend groß (S-34).
Hauben-Azurjungfer *Coenagrion armatum* (S. 154).

l) Wie in S-35.
Saphirauge *Erythromma lindenii* (S. 176).

S-36

S-37

S-38

S-39

S-40

S-41

S-42

S-43

S-44

S-45

24 Unterscheidung nach der Form des Pronotum-Hinterrands.

a) Wie in S-36.
Coenagrion puella (S. 168).

b) Wie in S-37.
Coenagrion pulchellum (S. 170).

c) Wie in S-38.
Coenagrion hastulatum (S. 158).

d) Wie in S-39.
Coenagrion lunulatum (S. 162).

e) Wie in S-40.
Coenagrion mercuriale (S. 164).

f) Wie in S-41.
Coenagrion ornatum (S. 166).

g) Wie in S-42.
Coenagrion caerulescens (S. 156).

h) Wie in S-43.
Coenagrion scitulum (S. 172).

i) Wie in S-44.
Coenagrion armatum (S. 154).

k) Wie in S-45.
Erythromma lindenii (S. 176).

---

25 Komplexaugen deutlich voneinander getrennt (Gomphidae). → 26

› Komplexaugen berühren sich oben am Kopf in einem Punkt (Cordulegasteridae). → 32

› Komplexaugen berühren sich auf einer längeren Strecke. → 34

S-46

S-47

26 Thoraxseiten mit breiten schwarzen Streifen (S-46). Obere Anhänge des Männchens lang, zangenförmig. → 27

› Thoraxseiten mit schmalen schwarzen Streifen (S-47). Obere Anhänge des Männchens kurz. → 28

---

27 Zwischen den Augen 2 gelbe Flecke. Bei mitteleuropäischen Tieren: Augen grün, obere Anhänge des Männchens dunkelbraun.
Kleine Zangenlibelle ***Onychogomphus forcipatus*** (S. 228).

Braune Zangenlibelle *Onychogomphus costae*
Merkmale siehe Seite 228.

› Zwischen den Augen nur 1 gelber Fleck. Augen blau. Obere Anhänge des Männchens gelbbraun. (In Mitteleuropa verschollen.)
Große Zangenlibelle *Onychogomphus uncatus* (S. 230).

---

28 Thorax grün, Abdomen gelb gezeichnet.
Grüne Flussjungfer *Ophiogomphus cecilia* (S. 232).

› Thorax und Abdomen gleich gefärbt. → 29

---

29 Beine schwarz.
Gemeine Keiljungfer *Gomphus vulgatissimus* (S. 224).

› Beine gelb gestreift. → 30

S-48

30 Die jederseits 3 schwarzen Längsbinden vorn oben auf dem Thorax gleich weit voneinander entfernt, sodass die zwischen ihnen liegenden gelben Binden gleich breit sind (S-48).
Eurasische Keiljungfer *Stylurus flavipes* (S. 236).

› Der vordere gelbe Streifen breiter als der hintere (S-49). → 31

S-49

31 2. und 3. schwarzer Streifen schmäler als der gelbe Zwischenraum.
Westlich Keiljungfer *Gomphus pulchellus* (S. 220).

› 2. und 3. schwarzer Streifen mindestens so breit wie der gelbe Zwischenraum (S-49).
Gelbe Keiljungfer *Gomphus simillimus* (S. 222).

Türkische Keiljungfer *Gomphus schneiderii*
Merkmale siehe Seite 222.

S-50

32 Antehumeralstreifen hinten nach außen in einen Zipfel erweitert (S-50) (Nur im Südosten des Gebiets)
Große Quelljungfer *Cordulegaster heros* (S. 242)

Griechische Quelljungfer *Cordulegaster helladica*
Merkmale siehe Seite 242.

› Antehumeralstreifen hinten ohne solche Erweiterung → 33
Türkische Quelljungfer *Cordulegaster insignis*
Merkmale siehe Seite 244.

Gezeichnete Quelljungfer *Cordulegaster picta*
Merkmale siehe Seite 244.

Italienische Quelljungfer *Cordulegaster trinacriae*
Merkmale siehe Seite 244.

---

33 Hinterhauptsdreieck (hinten zwischen den Komplexaugen) gelb
Mittlere Abdominalsegmente mit 2 gelben Querbinden
Zweigestreifte Quelljungfer *Cordulegaster boltonii* (S. 240).

› Hinterhauptsdreieck schwarz, aber von hinten oft gelb gefleckt
Mittlere Abdominalsegmente mit nur 1 gelben Querbinde
Gestreifte Quelljungfer *Cordulegaster bidentata* (S. 238).

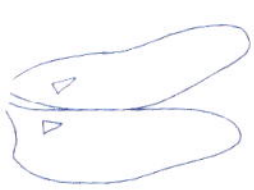

S-51

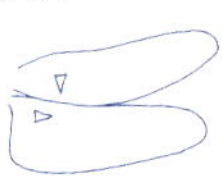

S-52

34 Dreieck im Vorderflügel (wie im Hinterflügel) mit der Spitze nach außen gerichtet (S-51) Edellibellen (Aeshnidae) → 35

› Dreieck im Vorderflügel mit der Spitze nach hinten, im Hinterflügel nach außengerichtet (S-52)
Falkenlibellen und Segellibellen (Corduliidae und Libellulidae) → 46

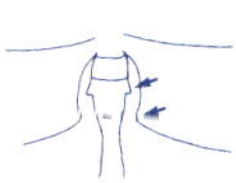

S-53

35 Thorax einfarbig grün oder bräunlich Männchen mit abgerundeter Hinterflügelbasis und ohne „Öhrchen" am 2 Segment → 36

› Thorax hell und dunkel gezeichnet Männchen mit eckiger Hinterflügelbasis und „Öhrchen" am 2 Segment (S-53) → 37

---

36 Thorax grün, Abdomen blau oder grün mit schwarzer Zeichnung
Große Königslibelle *Anax imperator* (S. 208)

› Thorax dunkelbraun, Abdomen an der Basis hellblau, sonst trübviolett bis bräunlich
Kleine Königslibelle *Anax parthenope* (S. 210).

› Körper mit gelbbrauner Grundfärbung, nur Segment 2 oben hellblau
Schabracken-Königslibelle *Anax ephippiger* (S. 206).

---

37 Grundfärbung braun. Flügel durchsichtig. Augen leuchtend grün. Segment 2 mit gelbem, keilförmigem Fleck.
Keilfleck-Mosaikjungfer ***Aeshna isoceles*** (S. 198).

› Grundfärbung braun. Flügel deutlich braun getönt.
Braune Mosaikjungfer ***Aeshna grandis*** (S. 196).

› Färbung anders. → 38

---

38 Abdomen verwaschen graugrün gefleckt. Beine hellbraun. Flügelspitzen beim Männchen dunkel gefleckt.
Westliche Geisterlibelle ***Boyeria irene*** (S. 212).

Östliche Geisterlibelle ***Boyeria cretensis***
Merkmale siehe Seite 212.

› Abdomen blau, grün oder gelb gefleckt. Beine ganz oder teilweise schwarz. → 39

S-54

39 Berührungslinie der Augen etwa so lang wie das dahinterliegende Hinterhauptsdreieck (S-54). → 40

› Berührungslinie der Augen länger als das Hinterhauptsdreieck (S-55). → 41

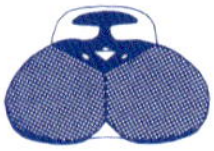
S-55

40 Thoraxseiten grün mit dunklen Streifen. Körper auffallend behaart.
Früher Schilfjäger ***Brachytron pratense*** (S. 214).

› Thoraxseiten braun mit hellen Streifen. Körper nicht auffallend behaart. (Nur im Gebirge.)
Alpen-Mosaikjungfer ***Aeshna caerulea*** (S. 192).

Sibirische Mosaikjungfer ***Aeshna crenata***
Merkmale siehe Seite 192.

---

41 Thoraxseiten braun mit hellen Streifen. → 42

› Thoraxseiten grün mit dunklen, oft sehr schmalen Streifen. → 44

---

42 Oben auf Segment 2 ein gelbes Dreieck.
Herbst-Mosaikjungfer ***Aeshna mixta*** (S. 200).

› Segment 2 ohne gelbes Dreieck. → 43

S-56

43 Beim Männchen mittleres Fleckenpaar oben auf Segment 3 deutlich kleiner als das hintere (S-56). Beim Weibchen Abdominal Anhänge schräg gestellt (S-57).
Torf-Mosaikjungfer *Aeshna juncea* (S. 198).

› Beim Männchen mittleres Fleckenpaar oben auf Segment 3 kaum kleiner als das hintere (S-58). Beim Weibchen Abdominalanhänge waagerecht gestellt (S-59).
Hochmoor-Mosaikjungfer *Aeshna subarctica* (S. 202).

S-57

44 Auf der Stirn vor den Augen nur eine schwarze Querbinde.
Grüne Mosaikjungfer *Aeshna viridis* (S. 204)

› Auf der Stirn schwarze Zeichnung in Form eines „T" (S-55). → 45

45 Thoraxseiten mit schmalen schwarzen Streifen.
Südliche Mosaikjungfer *Aeshna affinis* (S. 190).

› Thoraxseiten mit breiten schwarzen Streifen.
Blaugrüne-Mosaikjungfer *Aeshna cyanea* (S. 194).

S-58

46 Augen leuchtend grün. → 47

› Augen nicht leuchtend grün. → 52

S-59

48 Stirn einfarbig grün. Abdomen des Männchens keulenförmig, breiteste Stelle hinter der Mitte.
Falkenlibelle *Cordulia aenea* (S. 248).

› Stirn gelb gezeichnet. Abdomen des Männchens in der Mitte am breitesten. → 49

49 Segmente 4–8 seitlich jeweils mit gelbem Fleck (beim Männchen manchmal undeutlich).
Gefleckte Smaragdlibellen *Somatochlora flavomaculata* (S. 256).

› Segmente 4–8 ohne gelbe Flecke. → 50
Balkan Smaragdlibelle *Somatochlora meridionalis*
Merkmale siehe Seite 256.

50 Körper metallisch grün bis kupfern. Weibchen mit rechtwinklig abstehender Legeröhre.
Glänzende Smaragdlibelle *Somatochlora metallica* (S. 258).

› Abdomen fast schwarz. Weibchen ohne abstehende Legeröhre. → 51

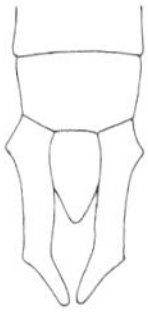
S-60

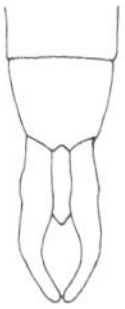
S-61

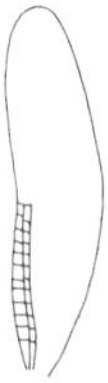
S-62

S-63

51 Cerci des Männchens gleichmäßig gebogen (S-60). Weibchen mit weißen Endringen an den Segmenten 2 und 3 und kleinem, weißem Seitenfleck an Segment 2.
Alpen-Smaragdlibelle *Somatochlora alpestris* (S.252)

› Cerci des Männchens an der Basis parallel, in der Spitzenhälfte nach innen gebogen (S-61). Weibchen mit auffallendem, gelbem Seitenfleck an Segment 3.
Arktische Smaragdlibelle *Somatochlora arctica* (S. 254).

Bulgarische Smaragdlibelle *Somatochlora borisi*
Merkmale siehe auf Seite 254

---

52 Vorderflügel mit mindestens 10 Antenodalqueradern (S-62). → 53

› Vorderflügel mit weniger als 10 Antenodalqueradern (S-63). → 60

› Vorderflügel mit 9½ – 12½ Antenodalqueradern. Letzte Ader vor dem Nodus unvollständig (½). → 73

---

53 Hinterflügelbasis mit großem dunklem Fleck. → 54

› Hinterflügelbasis ohne dunklen Fleck. → 56

---

54 Nodus aller Flügel schwarz gefleckt.
Vierfleck *Libellula quadrimaculata* (S. 278).

› Nodus aller Flügel nicht gefleckt. → 55

---

55 Auch die Vorderflügel mit dunklem Basisfleck.
Plattbauch *Libellula depressa* (S. 274)

› Vorderflügel ohne dunklen Fleck.
Spitzenfleck *Libellula fulva* (S. 276).

---

56 Männchen rot gefärbt. Weibchen mit abstehender Legeröhre.
Feuerlibelle *Crocothemis erythraea* (S. 262).

› Männchen blau bereift. Weibchen ohne abstehende Legeröhre. → 57

Glänzender Schwarzpfeil *Diplacodes lefebvrii*
Merkmale siehe Seite 262.

---

57 Pterostigma schwarz. → 58

› Pterostigma hellbraun. → 59

---

58 Cerci schwarz.
Großer Blaupfeil *Orthetrum cancellatum* S. 282.

Rahmstreif-Blaupfeil *Orthetrum chrysostigma*
Merkmale siehe Seite 282.

› Cerci ganz oder teilweise weiß.
Östlicher Blaupfeil *Orthetrum albistylum* (Seite 280).

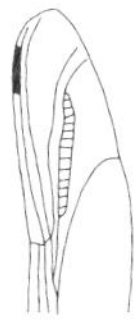
S-64

59 Zwischen Radiusschaltader und unterstem Radiusseitenast eine einfache Zellreihe (S-64). Stirn bräunlich.
Kleiner Blaupfeil *Orthetrum coerulescens* (S. 284).

› Zwischen Radiusschaltader und unterstem Radiusseitenast einige Zellen verdoppelt (S-65). Stirn weiß oder bläulich weiß.
Gelbader-Blaupfeil *Orthetrum nitidinerve*
Merkmale siehe Seite 284.

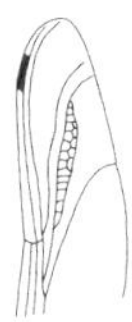
S-65

60 Flügelspannweite mindestens 80 mm.
Zweifleck ***Epitheca bimaculata*** (S. 250).

› Flügelspannweite weniger als 70 mm. → 61

---

61 Stirn gelb, rot oder braun. → 62

› Stirn weiß, manchmal dunkel gefleckt. → 69

---

62 Alle Flügel mit dunkler Querbinde.
Gebänderte Heidelibelle *Sympetrum pedemontanum* (S. 292).

› Flügel ohne dunkle Querbinde. → 63

---

63 Beine außen hell gestreift oder überwiegend hell. → 64

› Beine ganz schwarz. → 67

---

64 Vorder- und Hinterflügel mit großem gelbem Basisfleck.
Pterostigma (ausgefärbt) dunkelrot.
Gefleckte Heidelibelle *Sympetrum flaveolum* (S. 288).

› Nur im Hinterflügel ein deutlicher gelber Basisfleck.
Pterostigma gelb mit schwarzem Rand.
Frühe Heidelibelle *Sympetrum fonscolombii* (S. 290).

› Flügel ohne deutliche gelbe Basisflecke.
Pterostigma (ausgefärbt) dunkelbraun bis schwarz. → 65

---

65 Thoraxseiten fast ohne dunkle Nahtlinien. Vor den Augen eine sehr schmale schwarze Querlinie.
Südliche Heidelibelle *Sympetrum meridionale* (S. 292).

› Thoraxseiten mit dunklen Nahtlinien. Vor den Augen eine deutliche schwarze Querlinie. → 66

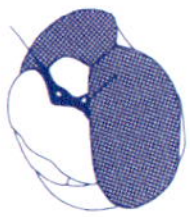

S-66

66 Die schwarze Querlinie auf der Stirn endet bei den Augen (S-66). Legeröhre des Weibchens schräg abstehend (S-67).
Große Heidelibelle ***Sympetrum striolatum*** (S. 296).
› Die schwarze Querlinie auf der Stirn läuft ein Stück an den Augen herab (S-68). Legeröhre des Weibchens fast rechtwinklig abstehend (S-69).
Gemeine Heidelibelle *Sympetrum vulgatum* (S. 296).

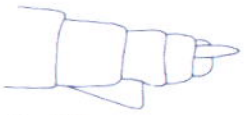

S-67

---

67 Männchen schwarz gefärbt. Weibchen mit abstehender Legeröhre.
Schwarze Heidelibelle *Sympetrum danae* (S. 286).

› Männchen mit roten Abdomen. Weibchen ohne abstehende Legeröhre. → 68

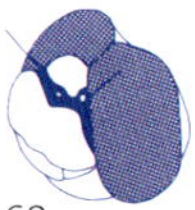

S-68

---

68 Flügel mit sehr dichtem Adernetz, besonders zwischen Radialsektor und Media (S-70). Abdomen oben auf den Segmenten 3–8 mit auffallenden schwarzen Strichen.
Sumpf-Heidelibelle *Sympetrum depressiusculum* (S. 286).

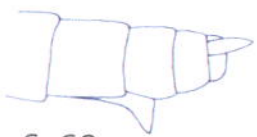

S-69

› Flügel mit weniger dichtem Adernetz (S-71). Vorderer Abschnitt des Abdomens oben meist ohne dunkle Striche.
Blutrote Heidelibelle *Sympetrum sanguineum* (S. 294).

Wüsten-Heidelibelle *Sympetrum sinaiticum*
Merkmale auf Seite 294.

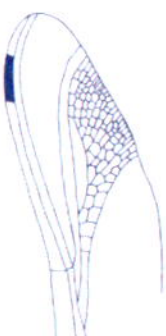

S-70

---

69 Cerci weiß. → 70

› Cerci schwarz. → 71

---

70 Abdomen hinten keulenförmig verbreitert.
Zierliche Moosjungfer *Leucorrhinia caudalis* (S. 266).

› Abdomen nicht verbreitert.
Östliche Moosjungfer *Leucorrhinia albifrons* (S. 264).

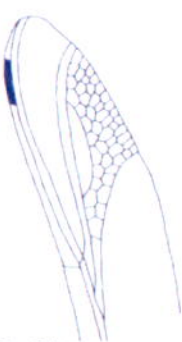

S-71

---

71 Helle Flecke auf Segment 6 und 7 kaum länger als halbe Segmentlänge.
Kleine Moosjungfer *Leucorrhinia dubia* (S. 268).

› Helle Flecke auf Segment 6 und 7 deutlich länger als halbe Segmentlänge. → 72

72 Heller Fleck auf Segment 7 schmal, etwa doppelt so lang wie breit; beim Männchen rot, beim Weibchen gelb.
Nordische Moosjungfer *Leucorrhinia rubicunda* (S. 272).

› Heller Fleck auf Segment 7 fast so breit wie lang, beim Männchen und Weibchen gelb.
Große Moosjungfer *Leucorrhinia pectoralis* (S. 270).

73 **Rotader-Sonnenzeiger *Trithemis arteriosa*** .
Merkmale siehe Seite 298.

Indigo-Sonnenzeiger *Trithemis festiva* .
Merkmale siehe Seite 300

Feuerroter Sonnenzeiger *Trithemis kirbyi* .
Merkmale Seite 300

Gefleckter Wasserfallkreuzer *Zygonyx torridus* .

Bestimmungsschlüssel der Larven

Dieser Schlüssel ist vor allem für das Bestimmen der Libellenlarven gedacht. Er eignet sich aber im Allgemeinen auch für die Exuvien. Er berücksichtigt so weit wie möglich Merkmale, die auch an der lebenden Larve mit einer 10-fachen Lupe erkannt werden können. In einigen Fällen wird allerdings, speziell bei manchen Kleinlibellenlarven, die Benutzung eines Mikroskops unentbehrlich sein. Nicht alle Larven sind mit diesem Schlüssel sicher bis zur Art zu bestimmen. In solchen Fällen erscheint als Ergebnis eine Artengruppe, wie z. B. „*Sympecma fusca* oder *Sympecma paedisca*". Aus Mangel an Vergleichsmaterial ist es nicht möglich, alle in Mitteleuropa vorkommenden Arten zu berücksichtigen. Die Bezeichnungen der einzelnen Körperteile sind dem Kapitel Körperbau der Larve und den Abb. 5 bis 7 zu entnehmen (ab S. 24). Meistens ist eine sichere Bestimmung nur nach dem letzten Larvenstadium möglich; Maßangaben beziehen sich stets auf dieses! Die angegebenen Längen der Kleinlibellen sind Körperlängen ohne Kiemenblättchen.

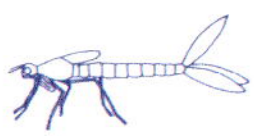
L-1

1 Schlanke Larve mit 3 Kiemenblättchen am Körperende (L-1; Zygoptera). → **2**

› Plumpere Larven mit Analpyramide aus 5 Dornen (L-2, L-3; Anisoptera). → **22**

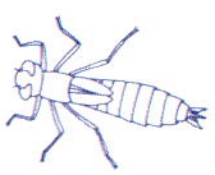
L-2

2 Erstes Fühlerglied auffallend lang, länger als die übrigen zusammengenommen. Mittleres Kiemenblättchen deutlich kürzer als die seitlichen (Calopterygidae). → **3**

› Erstes Fühlerglied nicht auffallend lang. Alle Kiemenblättchen etwa gleich lang. → **4**

L-3

3 Erstes Fühlerglied fast doppelt so lang wie die übrigen (L-4). Mittleres Kiemenblättchen breiter als die seitlichen, alle mit 2 hellen Binden (die 2. oft undeutlich). Höcker hinter dem Auge nicht höher als dieses (L-5). ***Calopteryx splendens*** (S. 122)

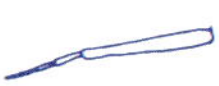
L-4

› Erstes Fühlerglied etwas länger als die übrigen (L-6). Alle Kiemenblättchen gleich breit und nur mit einer Binde. Höcker hinter dem Auge überragt dieses (L-7).
Calopteryx virgo (S. 124)

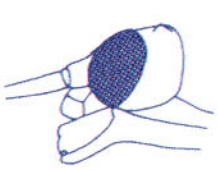
L-5

4 Seitenadern in den Kiemenblättchen zweigen fast rechtwinklig von der Mittelader ab (L-8; Lestidae). → **5**

› Seitenadern in den Kiemenblättchen zweigen schräg ab (L-9). → **10**

L-6

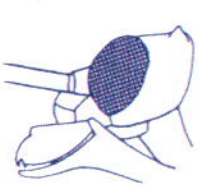
L-7

Calopteryx splendens

L-8

L-9

Calopteryx virgo

5 Fangmaske nicht auffällig eingeschnürt (L-10). → **6**

› Fangmaske stark eingeschnürt (L-11). → **7**

L-10

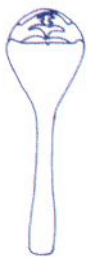

L-11

6 Außenast des Fanghakens gleichmäßig gezähnt (L-12).
Lestes viridis (S. 142)

› Außenast des Fanghakens unregelmäßig gezähnt (L-13).
Sympecma fusca (S. 144)
oder ***Sympecma paedisca*** (S. 146)

L-12

L13

7 Kiemenblättchen + parallelseitig (L-14). → **8**

› Kiemenblättchen verschmälert (L-15). → **9**

L-14

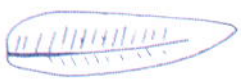

L-15

Lestes viridis

Sympecma fusca

8 Kiemenblättchen deutlich quer gebändert (L-14).
Lestes sponsa (S. 132)

L-16

› Querbänder nur an den Rändern deutlich (L-16).
Lestes virens (S. 136)

Lestes viridis

L-17

9 Kiemenblättchen zur Spitze hin allmählich verschmälert (L-15).
Foto auf S. 71 oben.
Lestes dryas (S. 134)

› Kiemenblättchen an der Basis breit, in der Spitzenhälfte plötzlich verschmälert (L-17).
Lestes barbarus (S. 138)

Lestes dryas

Lestes barbarus

L-18

10 Kiemenblättchen in eine lange, fadenförmige Spitze ausgezogen (L-18; Platycnemidae).
Platycnemis pennipes (S. 148)
oder ***Platycnemis latipes*** (S. 150)

› Kiemenblättchen zugespitzt oder abgerundet, aber ohne fadenförmige Verlängerung (Coenagrionidae). → **11**

Platycnemis pennipes

Platycnemis latipes

11 Hinterkopf eckig (L-19). → **12**

› Hinterkopf abgerundet (L-20). → **13**

L-19

12 Kiemenblättchen länger als 4 mm, die seitlichen basal am Unterrand mit (schwer sichtbaren) starren Borsten, sonst fein bewimpert, in der Apikalhälfte meist mit dunkler Zeichnung, oft in Form eines „X" (L-21).
Pyrrhosoma nymphula (S. 152)

L-20

› Kiemenblättchen höchstens 4 mm, basal oben und unten mit starren Borsten, ohne auffallende Zeichnung (L-22).
Ceriagrion tenellum (S. 154)

L-21

L-22

Pyrrhosoma nymphula

Ceriagrion tenellum

Erythromma najas

13 Larven über 20 mm lang (ohne Kiemenblättchen). Kiemenblättchen am Apex stumpf, meist mit dunkler Zeichnung.
Erythromma najas (S. 184)

› Larven kleiner als 20 mm. → **14**

L-23

14 Larven unter 13 mm lang. Kiemenblättchen apikal abgerundet, aber mitten in eine feine Spitze ausgezogen (L-23).
Nehalennia speciosa (S. 188)

› Larven mindestens 13 mm lang; wenn kleiner, dann Kiemenblättchen auffallend kurz. → **15**

Nehalennia speciosa

15 Larven 12–15 mm lang. Kiemenblättchen auffallend kurz (3 mm). Kopf nicht gepunktet.
Coenagrion mercuriale (S. 170)

› Sehr ähnlich *C. mercuriale*, aber Kopf hinten mit dunklen Punkten (wie in L-28).
Coenagrion ornatum (S. 172)

› Kiemenblättchen länger als 3 mm. → **16**

16 Kiemenblättchen auffallend schmal.
Coenagrion hylas (S. 180)

› Kiemenblättchen nicht auffallend schmal. → **17**

Coenagrion mercuriale

Coenagrion hylas

Enallagma cyathigerum

Erythromma lindenii

17 Fühler mit 6 Gliedern. → **18**

› Fühler mit 7 Gliedern. → **19**

L-24

18 Kiemenblättchen zugespitzt, oft mit kurzen dunklen Querbinden in der Spitzenhälfte (L-24). Letzte Borste am Fanghaken mit Nebenborste (L-25).
Enallagma cyathigerum (S. 160)

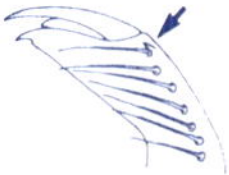

L-25

› Kiemenblättchen mit stumpfem Apex. Fanghakenborsten ohne Nebenborsten.
Coenagrion hastulatum (S. 166)
oder ***Coenagrion lunulatum*** (S. 168)
oder ***Coenagrion armatum*** (S. 178)

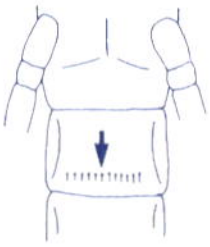

L-26

19 1. Abdominalsternit mit Querreihe steifer Borsten (L-26).
Erythromma lindenii (S. 182)
oder ***Erythromma viridulum*** (S. 186)

› 1. Abdominalsternit ohne derartige Borsten. → **20**

L-27

Coenagrion puella

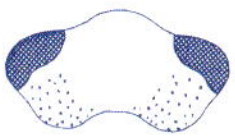

L-28

L-29

Ischnura elegans

20 Starre Borsten am Rand der Kiemenblättchen gehen auf beiden Seiten etwa bis zur Mitte (L-27). Hinterkopf mit regelmäßig verteilten, dunklen Punkten (L-28).
Coenagrion puella (S. 162)
oder ***Coenagrion pulchellum*** (S. 164)

› Starre Borsten am Rand der Kiemenblättchen gehen nur auf einer Seite bis zur Mitte (L-29). Hinterkopf ohne oder mit wenigen dunklen Punkten. → **21**

---

21 Alle Schenkel mit dunklem Ring.
Ischnura elegans (S. 156)

› Beine ohne dunkle Ringe.
Ischnura pumilio (S. 158)

L-30

22 Fangmaske flach. Fanghaken mit langem, beweglichem Zahn (L-30). → **23**

› Fangmaske gewölbt. Fanghaken dreieckig, mit gezähntem Rand und kurzem, beweglichem Zahn (L-31). → **39**

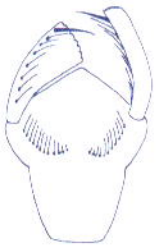

L-31

23 Fühler fadenförmig, 6- bis 7-gliedrig. Körper lang gestreckt (Aeshnidae). → **24**

› Fühler auffallend kurz und breit, 4-gliedrig (L-32). Körper kürzer (Gomphidae). → **35**

24 Seitenrand des Kopfes hinter dem Auge kürzer als diese (L-33). → **25**

› Seitenrand des Kopfes hinter dem Auge etwa so lang wie dieses oder länger (L-34). → **27**

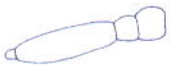

L-32

25 Hinterecken des Kopfes winklig zugespitzt.
Boyeria irene (S. 210)

› Hinterecken des Kopfes abgerundet. → **26**

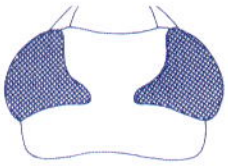

L-33

L-34

Ischnura pumilio

Boyeria irene

Anax imperator

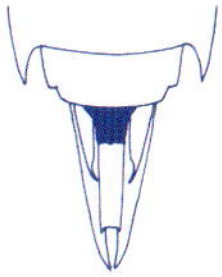

L-35

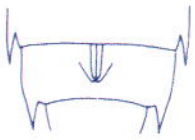

L-36

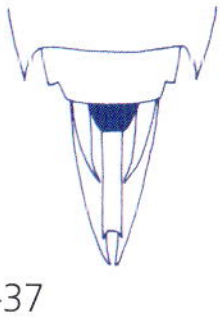

L-37

26 Beim Männchen Supraanalblättchen etwa so lang wie breit, halb so lang wie die Cerci (L-35). Beim Weibchen Legeröhre 2/3 so lang wie Segment 9 (L-36).
Anax imperator (S. 212)

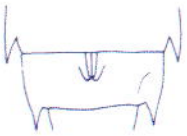

L-38

› Beim Männchen Supraanalblättchen breiter als lang, 1/3 so lang wie die Cerci (L-37). Beim Weibchen Legeröhre halb so lang wie Segment 9 (L-38). Foto S. 90 oben.
Anax parthenope (S. 214)

27 Augen klein, nehmen weniger als die Hälfte vom Seitenrand des Kopfes ein (L-39).
Brachytron pratense (S. 190)

› Augen größer. → **28**

L-39

28 Cerci kürzer als Hälfte der Analpyramide (L-40). → **29**

› Cerci länger als Hälfte der Analpyramide (L-41). → **34**

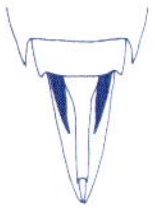

L-40

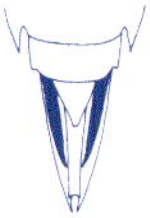

L-41

29 Fangmaske schmal, ca. 4-mal so lang wie an der schmalsten Stelle breit (L-42). → **30**

› Fangmaske breit, ca. 2–2,5-mal so lang wie an der schmalsten Stelle breit (L-43). → **32**

L-42

L-43

Ischnura pumilio

Ischnura pumilio

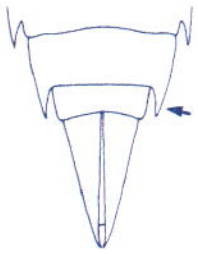

L-44

30 Lateraldorne des 9. Segments etwa so lang wie Segment 10 (von unten betrachten!) (L-44)!
Aeshna mixta (S. 194)

› Lateraldorne des 9. Segments etwa halb so lang wie Segment 10 (L-45). → **31**

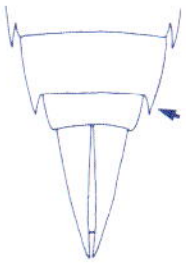

L-45

31 Lateraldorne an Segment 6 rudimentär (L-46). Körperlänge 34–42 mm.
Aeshna caerulea (S. 192)

› Lateraldorne an Segment 6 deutlich sichtbar (L-47). Körperlänge 40–48 mm. Foto S. 92 oben.
Aeshna cyanea (S. 202)

L-46

L-47

Aeshna mixta

Aeshna caerulea

Aeshna cyanea

Aeshna juncea

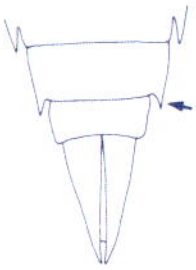

L-48

32 Lateraldorne des 9. Segments kürzer als die Hälfte von Segment 10 (von unten betrachten!) (L-48).
Aeshna juncea (S. 198)

› Lateraldorne des 9. Segments länger als die Hälfte von Segment 10 (L-49). → **33**

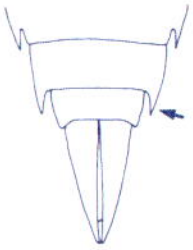

L-49

33 Abdomen ohne deutliche Dorsalzeichnungen.
Aeshna viridis (S. 204)

› Abdomen mit paarigen, dunklen Dorsalflecken.
Aeshna grandis (S. 206)

Aeshna viridis

Aeshna grandis

Aeshna subarctica

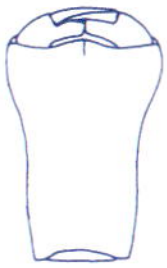

L-50

L-51

34 Fangmaske an der breitesten Stelle knapp 1,5-mal so breit wie an der schmalsten (L-50).
Aeshna subarctica (S. 200)

› Fangmaske an der breitesten Stelle fast doppelt so breit wie an der schmalsten (L-51). Foto S. 94 oben.
Aeshna isoceles (S. 208

Aeshna isoceles

35 Dorsaldorne fehlend. → **36**

› Dorsaldorne vorhanden. → **38**

---

36 Segment 9 länger als breit (L-52).
Gomphus flavipes (S. 222)

› Segment 9 etwa so lang wie breit (L-53).
Gomphus pulchellus (S. 220)

› Segment 9 breiter als lang (L-54). → **37**

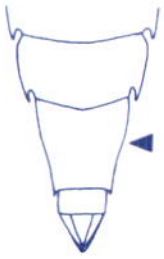

L-52

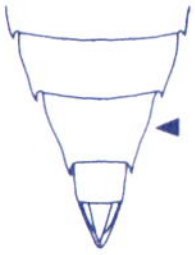

L-53

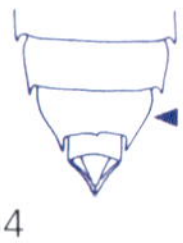

L-54

Gomphus flavipes

Gomphus pulchellus

37 Lateraldorne an Segment 6–9 (am 6. Segment sehr klein).
Gomphus vulgatissimus (S. 218)

› Lateraldorne an Segment 7–9. Foto S. 96 oben.
Gomphus simillimus (S. 224)

Gomphus vulgatissimus

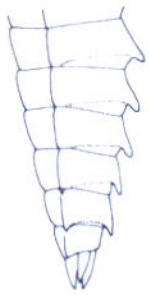

L-55

38 Lateraldorne an Segment 7–9. Dorsaldorne deutlich.
Ophiogomphus cecilia (S. 226)

› Lateraldorne an Segment 8–9. Dorsaldorne deutlich (L-55).
Onychogomphus uncatus (S. 230)

› Lateraldorne an Segment 7–9. Dorsaldorne undeutlich (L-56).
Onychogomphus forcipatus (S. 228)

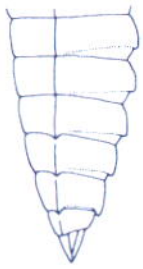

L-56

Gomphus simillimus

Ophiogomphus cecilia

Onychogomphus uncatus

L-57

39 Fanghaken unregelmäßig grob gezähnt (L-57) (Cordulegasteridae). → **40**

› Fanghaken regelmäßig gezähnt oder gewellt (L-58, L-59). → **41**

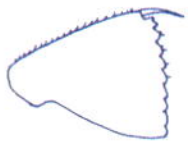

L-58

40 Flügelschneiden schräg am Abdomen herablaufend. Segment 8 und 9 mit kurzen Lateraldornen.
Cordulegaster boltonii (S. 234)

› Flügelschneiden parallel orientiert. Abdominalsegment ohne Lateraldorne. Foto S. 98 oben.
Cordulegaster bidentata (S. 236)

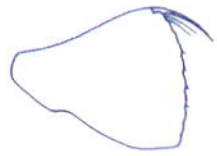

L-59

Onychogomphus forcipatus

Cordulegaster boltonii

Cordulegaster bidentata

Epitheca bimaculata

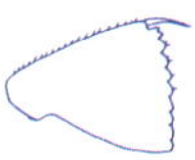

L-58

41 Fanghaken deutlich gezähnt (L-58; Corduliidae und *Libellula depressa*). → **42**

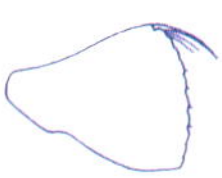

› Fanghaken fein gewellt (L-59; Libellulidae außer *Libellula depressa*). → **47**

L-59

42 Segment 9 mit sehr langen Lateraldornen, die bis zur Spitze der Analpyramide reichen (L-60).
Epitheca bimaculata (S. 250)

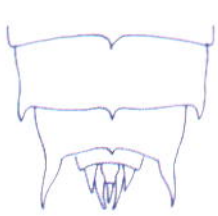

› Segment 9 mit kürzeren Lateraldornen. → **43**

L-60

› Segment 9 ohne deutliche Lateraldornen. → **45**

Cordulia aenea

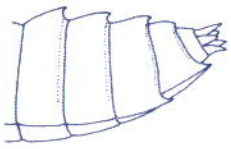

L-61

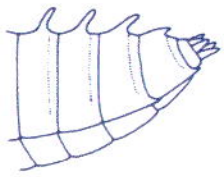

L-62

Somatochlora metallica

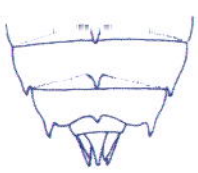

L-63

L-64

43 Segment 3–7 (–8) mit schwachen Dorsaldornen (L-61).
Cordulia aenea (S. 240)

› Segment 3–9 mit Dorsaldornen, die auf den hinteren Segmenten sehr deutlich sind (L-62). → **44**

44 Lateraldornen an Segment 9 kurz, kaum länger als die an Segment 8 (L-63).
Samatochlora metallica (S. 242)

› Lateraldorne an Segment 9 lang, wesentlich länger als die an Segment 8 (L-64). Foto S. 100 oben.
Somatochlora flavomaculata (S. 244)

45 Abdomen mit schwachen Dorsaldornen auf den Segmenten 4–8.
Libellula depressa (S. 256)

› Abdomen ohne Dorsaldorne. → **46**

---

46 Abdomen oben lang behaart, auch auf der Segmentfläche.
Somatochlora arctica (S. 248)

› Längere Haare nur an den Hinterrändern der Segmente. Foto auf Seite 91 Mitte.
Somatochlora alpestris (S. 246)

Somatochlora flavomaculata

Libellula depressa

47 Kopf hinter den Augen breit (L-65). → **48**

› Kopf hinter den Augen deutlich verschmälert (L-66). → **52**

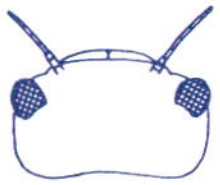

L-65

48 Segment 7 und 8 mit Dorsaldornen. → **49**

› Segment 7 und 8 ohne Dorsaldorne. → **50**

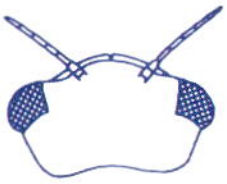

L-66

49 Dorsaldorne lang (L-67). Foto S. 102 oben.
Libellula fulva (S. 258)

› Dorsaldorne kurz (L-68). Foto S. 102 unten.
Libellula quadrimaculata (S. 254)

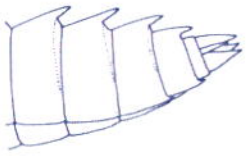

L-67

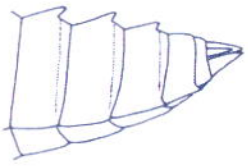

L-68

Somatochlora arctica

Somatochlora alpestris

50 Larve länger als 20 mm. Auf den Segmenten 7–9 je 2 dunkle, dreieckige Flecke. Dorsaldorne auf den Segmenten 4–6.
Orthetrum cancellatum (S. 264)

› Sehr ähnlich der Larve von *O. cancellatum*, aber ohne Dorsaldorne.
Orthetrum albistylum (S. 266)

› Larve höchstens 20 mm lang. Abdomen ohne auffallende Zeichnungen. → **51**

Libellula fulva

Libellula quadrimaculata

51 Pronotum oben mit deutlichem hellem Längsband.
Orthetrum brunneum (S. 262)

› Pronotum ohne auffallendes Längsband. Foto S. 104 oben.
Orthetrum coerulescens (S. 260)

Orthetrum cancellatum

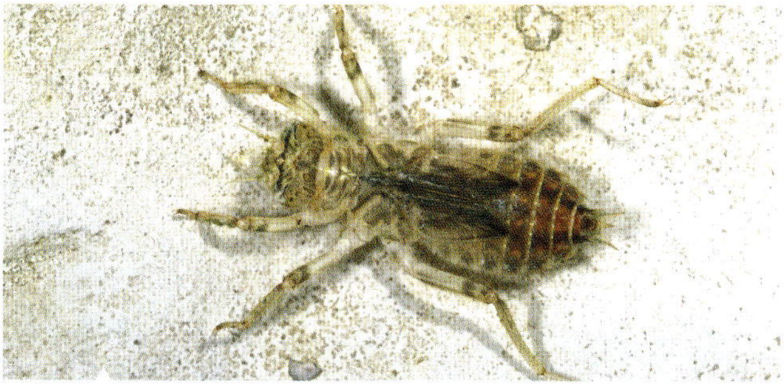

Orthetrum albistylum

Orthetrum brunneum

Orthetrum coerulescens

Crocothemis erythraea

52 Ventralseite des Abdomens ohne dunkle Flecke. → **53**

› Ventralseite des Abdomens dunkel gefleckt oder überwiegend dunkel. → **61**

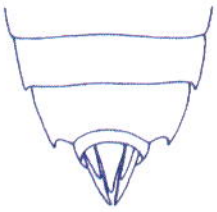

L-69

53 Abdomen ohne Dorsaldorne. Segment 8 und 9 mit sehr kurzen Lateraldornen (L-69). → **54**

› Abdomen mit Dorsaldornen. Lateraldorne der Segmente 8 und 9 länger. → **55**

---

54 Abdomen an den Seiten hell gefleckt, sonst fast ohne Zeichnung. ***Crocothemis erythraea*** (S. 268)

› Abdomen mit 2 unscharf begrenzten dunklen Längsbinden. ***Sympetrum fonscolombii*** (S. 278)

Sympetrum fonscolombii

Sympetrum danae

55 Segment 8 ohne oder mit rudimentärem Dorsaldorn. → **56**

› Segment 8 mit Dorsaldorn. → **57**

---

56 Körperlänge höchstens 17 mm.
Sympetrum danae (S. 290)

› Körperlänge mindestens 19 mm. Foto S. 106 oben.
Leucorrhinia albifrons (S. 294), auch → **62**

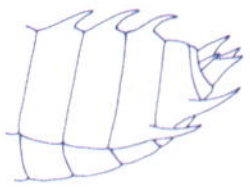

L-70

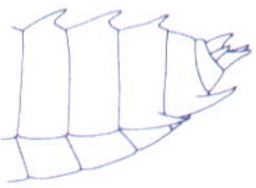

L-71

57 Dorsaldorne mindestens halb so lang wie die Segmente (L-70). → **58**

› Dorsaldorne kürzer als halbe Segmentlänge (L-71). → **60**

---

58 Lateraldorne an den Segmenten 6–9.
Leucorrhinia caudalis (S. 292), auch → **62**

› Lateraldorne nur an den Segmenten 8 und 9. → **59**

---

59 Lateraldorne des 9. Segments länger als dieses.
Sympetrum depressiusculum (S. 286)

› Lateraldorne des 9. Segments kürzer als dieses.
Sympetrum pedemontanum (S. 288)

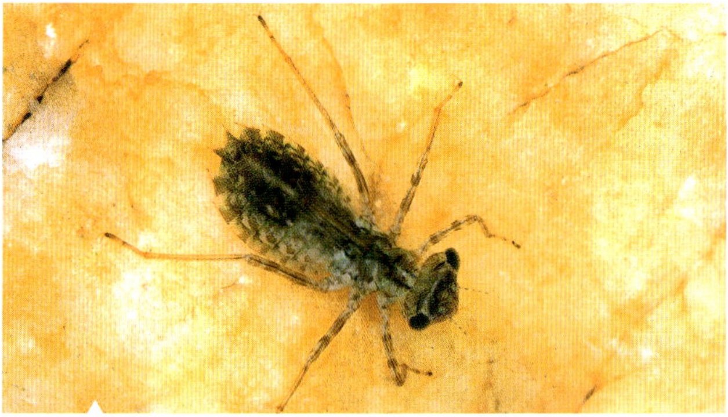

Leucorrhinia albifrons

Leucorrhinia caudalis

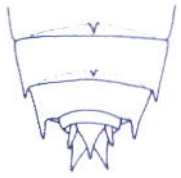
L-72

L-73

60 Lateraldorne des 9. Segments etwa halb so lang wie dieses (L-72).
Sympetrum flaveolum (S. 282)

› Lateraldorne des 9. Segments etwa so lang wie dieses (L-73).
Sympetrum vulgatum (S. 274) Foto S. 108.
oder ***Sympetrum striolatum*** (S. 276)
oder ***Sympetrum sanguineum*** (S. 284)

Sympetrum depressiusculum

Sympetrum flaveolum

Sympetrum vulgatum

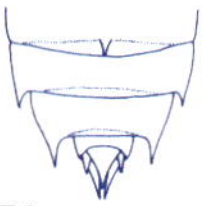

L-74

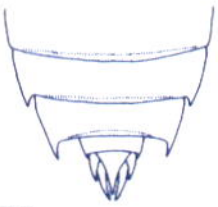

L-75

61 Lateraldorne an Segment 9 länger als die Cerci (L-74). → **62**

› Lateraldorne an Segment 9 kürzer als die Cerci (L-75). → **63**

---

62 Dorsaldorne auch auf den Segmenten 8 und 9. Foto S. 106 unten.
Leucorrhinia caudalis (S. 292)

› Segmente 8 und 9 ohne Dorsaldorne. Foto S. 106 oben.
Leucorrhinia albifrons (S. 294)

---

63 Abdomen ohne Dorsaldorne. Foto auf S. 101 oben.
Leucorrhinia rubicunda (S. 298)

› Dorsaldorne an den Segmenten 4–6.
Leucorrhinia dubia (S. 296)

› Dorsaldorne an den Segmenten 3–8.
Leucorrhinia pectoralis (S. 300)

Leucorrhinia rubicunda

Leucorrhinia dubia

Leucorrhinia pectoralis

Verbreitung der Arten

ÜBERSICHT DER BEHANDELTEN ARTEN UND IHRE VERBREITUNG

Das Verbreitungsgebiet wird in Klammern geführt, wenn es sich um reliktäre oder Insel-Vorkommen, Irrgäste oder Vermehrungsgäste handelt.

UNTERORDNUNG KLEINLIBELLEN (ZYGOPTERA)

Verbreitungsgebiet	**D**	**A**	**CH**	**F**	**I**
Familie Teichjungfern (Lestidae)					
Westliche Weidenjungfer *Chalcolestes viridis*	x	x	x	x	x
Östliche Weidenjungfer *Chalcolestes parvidens*	—	x	—	—	x
Südliche Binsenjungfer *Lestes barbarus*	x	x	x	x	x
Glänzende Binsenjungfer *Lestes dryas*	x	x	x	x	x
Dunkle Binsenjungfer *Lestes macrostigma*	(x)	x	—	x	x
Gemeine Binsenjungfer *Lestes sponsa*	x	x	x	x	x
Kleine Binsenjungfer *Lestes virens*	x	x	x	x	x
Gemeine Winterlibelle *Sympecma fusca*	x	x	x	x	x
Sibirische Winterlibelle *Sympecma paedisca*	x	x	x	x	x
Familie Prachtlibellen (Calopterygidae)					
Bronzene Prachtlibelle *Calopteryx haemorrhoidalis*	—	—	—	x	x
Gebänderte Prachtlibelle *Calopteryx splendens*	x	x	x	x	x
Blauflügel-Prachtlibelle *Calopteryx virgo*	x	x	x	x	x
Westliche Prachtlibelle *Calopteryx xanthostoma*	—	—	—	x	x
Familie Wasserjungfern (Epallagidae/Euphaeidae)					
Blaue Orientjungfer *Epallage fatime*	—	—	—	—	—
Familie Federlibellen (Platycnemididae)					
Orange Federlibelle *Platycnemis acutipennis*	—	—	—	x	—
Weiße Federlibelle *Platycnemis latipes*	—	—	—	x	—
Blaue Federlibelle *Platycnemis pennipes*	x	x	x	x	x

E, P	GB, IRL	NL, B, L	DK, S, N, FIN	PL, EST, LV, LT	CZ, SK	SLO, HR, SRB, BIH	RO, BG	GR, AL	Seite
x	x	x	x	x	x	x	x	x	122
—	—	—	—	—	x	x	x	x	122
x	—	x	—	x	x	x	x	x	124
x	x	x	x	x	x	x	x	x	126
x	—	—	—	—	x	x	x	x	128
x	x	x	x	x	x	x	x	—	130
x	—	x	x	x	x	x	x	x	132
x	(x)	x	x	x	x	x	x	x	134
—	—	x	x	x	x	—	—	—	136
x	—	—	—	—	—	—	—	—	138
—	x	x	x	x	x	x	x	x	140
x	x	x	x	x	x	x	x	x	142
x	—	—	—	—	—	—	—	—	144
—	—	—	—	—	—	—	x	x	146
x	—	—	—	—	—	—	—	—	148
x	—	—	—	—	—	—	—	—	148
—	x	x	x	x	x	x	x	x	150

Verbreitung der Arten

Verbreitungsgebiet	D	A	CH	F	I
Familie Schlanklibellen (Coenagrionidae)					
Große Rubinjungfer *Ceriagrion georgifreyi*	—	—	—	—	—
Zarte Rubinjungfer *Ceriagrion tenellum*	x	—	x	x	x
Hauben-Azurjungfer *Coenagrion armatum*	x	—	—	—	—
Südliche Azurjungfer *Coenagrion caerulescens*	—	—	—	x	x
Speer-Azurjungfer *Coenagrion hastulatum*	x	x	x	x	x
Sibirische Azurjungfer *Coenagrion hylas*	(x)	x	—	—	—
Kretische Azurjungfer *Coenagrion intermedium*	—	—	—	—	—
Nordische Azurjungfer *Coenagrion johanssoni*	—	—	—	—	—
Mond-Azurjungfer *Coenagrion lunulatum*	x	x	x	x	—
Helm-Azurjungfer *Coenagrion mercuriale*	x	x	x	x	x
Vogel-Azurjungfer *Coenagrion ornatum*	x	x	(x)	(x)	(x)
Hufeisen-Azurjungfer *Coenagrion puella*	x	x	x	x	x
Fledermaus-Azurjungfer *Coenagrion pulchellum*	x	x	x	x	x
Gabel-Azurjungfer *Coenagrion scitulum*	x	x	x	x	x
Gemeine Becherjungfer *Enallagma cyathigerum*	x	x	x	x	x
Saphirauge *Erythromma lindenii*	x	x	x	x	x
Großes Granatauge *Erythromma najas*	x	x	x	x	x
Kleines Granatauge *Erythromma viridulum*	x	x	x	x	x
Große Pechlibelle *Ischnura elegans*	x	x	x	x	x
Oasen-Pechlibelle *Ischnura fountaineae*	—	—	—		(x)
Spanische Pechlibelle *Coenagrion intermedium*	—	—	—	—	—
Kleine Pechlibelle *Ischnura pumilio*	x	x	x	x	x
Zwerglibelle *Nehalennia speciosa*	x	x	x	(x)	x
Balkan-Adonislibelle *Pyrrhosoma*	—	—	—	—	—
Frühe Adonislibelle *Pyrrhosoma nymphula*	x	x	x	x	x

E, P	GB, IRL	NL, B, L	DK, S, N, FIN	PL, EST, LV, LT	CZ, SK	SLO, HR, SRB, BIH	RO, BG	GR, AL	Seite
—	—	—	—	—	—	—	—	x	152
x	x	x	—	—	—	x	—	x	152
—	(x)	x	x	x	—	—	—	—	154
x	—	—	—	—	—	—	—	—	156
—	x	x	x	x	x	x	x	—	158
—	—	—	—	—	—	—	—	—	160
—	—	—	—	—	—	—	—	x	160
—	—	—	x	x	—	—	—	—	162
—	x	x	x	x	x	—	(x)	—	162
x	x	x	—	—	—	—	—	—	164
—	—	—	—	x	x	x	x	x	166
x	x	x	x	x	x	x	x	x	168
(x)	x	x	x	x	x	x	x	x	170
x	(x)	(x)	—	—	x	x	x	x	172
x	x	x	x	x	x	x	x	x	174
x	—	x	—	(x)	x	x	x	x	176
—	x	x	x	x	x	x	x	x	178
x	x	x	x	x	x	x	x	x	178
x	x	x	x	x	x	x	x	x	180
									180
x	—	—	—	—	—	—	—	—	182
x	x	x	x	x	x	x	x	x	184
—	—	x	(x)	x	x	x	—	—	186
—	—	—	—	—	—	—	—	(x)	188
x	x	x	x	x	x	x	x	x	188

Verbreitung der Arten

UNTERORDNUNG GROSSLIBELLEN (ANISOPTERA)

Verbreitungsgebiet	D	A	CH	F	I
Familie Edellibellen (Aeshnidae)					
Südliche Mosaikjungfer *Aeshna affinis*	x	x	x	x	x
Alpen—Mosaikjungfer *Aeshna caerulea*	(x)	x	x	—	x
Sibirische Mosaikjungfer *Aeshna crenata*	—	—	—	—	—
Blaugrüne Mosaikjungfer *Aeshna cyanea*	x	x	x	x	x
Braune Mosaikjungfer *Aeshna grandis*	x	x	x	x	(x)
Keilfleck-Mosaikjungfer *Aeshna isoceles*	x	x	x	x	x
Torf—Mosaikjungfer *Aeshna juncea*	x	x	x	x	x
Herbst—Mosaikjungfer *Aeshna mixta*	x	x	x	x	x
Baltische Mosaikjungfer *Aeshna serrata*	—	—	—	—	—
Hochmoor—Mosaikjungfer *Aeshna subarctica*	x	x	x	(x)	(x)
Grüne Mosaikjungfer *Aeshna viridis*	x	(x)	—	—	—
Schabracken-Königslibelle *Anax ephippiger*	x	x	x	x	x
Indische Königslibelle *Anax immaculifrons*	—	—	—	—	—
Große Königslibelle *Anax imperator*	x	x	x	x	x
Kleine Königslibelle *Anax parthenope*	x	x	x	x	x
Östliche Geisterlibelle *Boyeria cretensis*	—	—	—	—	—
Westliche Geisterlibelle *Boyeria irene*	(x)	(x)	x	x	x
Früher Schilfjäger *Brachytron pratense*	x	x	x	x	x
Schattenlibelle *Caliaeshna microstigma*	—	—	—	—	—

E, P	GB, IRL	NL, B, L	DK, S, N, FIN	PL, EST, LV, LT	CZ, SK	SLO, HR, SRB, BIH	RO, BG	GR, AL	Seite
x	(x)	x	x	x	x	x	x	x	190
—	x	—	x	x	—	(x)	—	—	192
—	—	—	x	(x)	—	—	—	—	192
x	x	x	x	x	x	x	x	x	194
(x)	x	x	x	x	x	x	x	—	196
x	x	x	(x)	x	x	x	x	x	198
x	x	x	x	x	x	x	x	—	198
x	x	x	x	x	x	x	x	x	200
—	—	—	x	(x)	—	—	—	—	200
—	—	x	x	x	x	—	(x)	—	202
—	—	x	x	x	—	(x)	—	—	204
x	x	x	x	x	x	x	x	x	206
—	—	—	—	—	—	—	—	(x)	208
x	x	x	x	x	x	x	x	x	208
x	x	x	(x)	x	x	x	x	x	210
—	—	—	—	—	—	—	—	(x)	212
x	—	—	—	—	—	—	—	—	212
x	x	x	x	x	x	x	x	x	214
—	—	—	—	—	—	(x)	x	x	216

Verbreitung der Arten

Verbreitungsgebiet	D	A	CH	F	I
Familie Flussjungfern (Gomphidae)					
Französische Keiljungfer *Gomphus graslinii*	—	—	—	x	—
Westliche Keiljungfer *Gomphus pulchellus*	x	(x)	x	x	(x)
Türkische Keiljungfer *Gomphus schneiderii*	—	—	—	—	—
Gelbe Keiljungfer *Gomphus simillimus*	(x)	—	x	x	—
Gemeine Keiljungfer *Gomphus vulgatissimus*	x	x	x	x	x
Seedrache *Lindenia tetraphylla*	—	—	—	—	x
Braune Zangenlibelle *Onychogomphus costae*	—	—	—	—	—
Kleine Zangenlibelle *Onychogomphus forcipatus*	x	x	x	x	x
Große Zangenlibelle *Onychogomphus uncatus*	(x)	—	(x)	x	x
Grüne Flussjungfer *Ophiogomphus cecilia*	x	x	x	x	x
Grüne Sandjungfer *Paragomphus genei*	—	—	—	(x)	(x)
Eurasische Keulenjungfer *Stylurus flavipes*	x	x	(x)	x	x
Familie Quelljungfern (Cordulegastridae)					
Gestreifte Quelljungfer *Cordulegaster bidentata*	x	x	x	x	x
Zweigestreifte Quelljungfer *Cordulegaster boltonii*	x	x	x	x	x
Griechische Quelljungfer *Cordulegaster helladica*	—	—	—	—	—
Große Quelljungfer *Cordulegaster heros*	—	x	—	—	(x)
Türkische Quelljungfer *Cordulegaster insignis*	—	—	—	—	—
Gezeichnete Quelljungfer *Cordulegaster picta*	—	—	—	—	—
Italienische Quelljungfer *Cordulegaster trinacriae*	—	—	—	—	x
Familie Tigerschwänze (Synthemistidae)					
Gekielter Flussfalke *Oxygastra curtisii*	x	—	—	x	x
Familie Flussherrscher (Macromiidae)					
Flussherrscher *Macromia splendens*	—	—	—	x	—

E, P	GB, IRL	NL, B, L	DK, S, N, FIN	PL, EST, LV, LT	CZ, SK	SLO, HR, SRB, BIH	RO, BG	GR, AL	Seite
x	—	—	—	—	—	—	—	—	218
x	—	x	—	—	(x)	(x)	—	—	220
—	—	—	—	—	—	—	—	x	222
x	—	(x)	—	—	—	—	—	—	222
(x)	x	x	x	x	x	x	x	x	224
(x)	—	—	—	—	—	x	(x)	x	226
x	—	—	—	—	—	—	—	—	228
x	—	x	x	x	x	x	x	x	228
x	—	(x)	—	—	—	—	—	—	230
—	—	x	x	x	x	x	x	x	232
x	—	—	—	—	—	—	—	—	234
—	(x)	x	—	x	x	x	x	x	236
(x)	—	x	—	x	x	x	x	x	238
x	x	x	x	x	x	—	—	—	240
—	—	—	—	—	—	—	—	x	242
—	—	—	—	—	(x)	x	x	x	242
—	—	—	—	—	—	x	x	x	244
—	—	—	—	—	—	—	x	x	244
—	—	—	—	—	—	—	—	—	244
x	(x)	x	—	—	—	—	—	—	246
x	—	—	—	—	—	—	—	—	246

Verbreitungsgebiet	D	A	CH	F	I
Familie Falkenlibellen (Corduliidae)					
Falkenlibelle *Cordulia aenea*	x	x	x	x	x
Zweifleck *Epitheca bimaculata*	x	x	x	x	(x)
Alpen—Smaragdlibelle *Somatochlora alpestris*	(x)	x	x	(x)	(x)
Arktische Smaragdlibelle *Somatochlora arctica*	x	x	x	x	(x)
Bulgarische Smaragdlibelle *Somatochlora borisi*	—	—	—	—	—
Gefleckte Smaragdlibelle *Somatochlora flavomaculata*	x	x	x	x	x
Balkan-Smaragdlibelle *Somatochlora meridionalis*	—	(x)	—	(x)	x
Glänzende Smaragdlibelle *Somatochlora metallica*	x	x	x	x	x
Familie Segellibellen (Libellulidae)					
Treuer Kurzpfeil *Brachythemis impartita*	—	—	—	(x)	(x)
Feuerlibelle *Crocothemis erythraea*	x	x	x	x	x
Glänzender Schwarzpfeil *Diplacodes lefebvrii*	—	—	—	—	—
Östliche Moosjungfer *Leucorrhinia albifrons*	x	x	x	x	(x)
Zierliche Moosjungfer *Leucorrhinia caudalis*	x	x	x	x	—
Kleine Moosjungfer *Leucorrhinia dubia*	x	x	x	x	(x)
Große Moosjungfer *Leucorrhinia pectoralis*	x	x	x	x	x
Nordische Moosjungfer *Leucorrhinia rubicunda*	x	(x)	(x)	(x)	—
Plattbauch *Libellula depressa*	x	x	x	x	x
Spitzenfleck *Libellula fulva*	x	x	x	x	x
Vierfleck *Libellula quadrimaculata*	x	x	x	x	x
Östlicher Blaupfeil *Orthetrum albistylum*	x	x	x	x	x
Südlicher Blaupfeil *Orthetrum brunneum*	x	x	x	x	x
Großer Blaupfeil *Orthetrum cancellatum*	x	x	x	x	x

E, P	GB, IRL	NL, B, L	DK, S, N, FIN	PL, EST, LV, LT	CZ, SK	SLO, HR, SRB, BIH	RO, BG	GR, AL	Seite
(x)	x	x	x	x	x	x	x	x	248
—	—	x	x	x	x	x	(x)	—	250
—	—	—	x	(x)	(x)	—	(x)	—	252
—	x	x	x	x	x	(x)	(x)	—	254
—	—	—	—	—	—	—	(x)	(x)	254
—	—	x	x	x	x	x	x	x	256
—	—	—	—	(x)	x	x	x	x	256
—	x	x	x	x	x	x	x	—	258
x	—	—	—	—	—	—	—	—	260
x	(x)	x	—	x	x	x	x	x	262
x	—	—	—	—	—	—	—	—	262
—	—	x	x	x	x	—	—	—	264
—	—	x	x	x	x	x	(x)	—	266
(x)	x	x	x	x	x	(x)	(x)	—	268
(x)	(x)	x	x	x	x	x	(x)	(x)	270
—	—	x	x	x	x	—	—	—	272
x	x	x	x	x	x	x	x	x	274
(x)	x	x	(x)	x	x	x	x	x	276
x	x	x	x	x	x	x	x	x	278
—	—	—	—	x	x	x	x	x	280
x	—	x	—	x	x	x	x	x	280
x	x	x	x	x	x	x	x	x	282

Verbreitung der Arten

Verbreitungsgebiet	D	A	CH	F	I
Familie Segellibellen (Libellulidae)					
Rahmstreif-Blaupfeil *Orthetrum chrysostigma*	—	—	—	—	—
Kleiner Blaupfeil *Orthetrum coerulescens*	x	x	x	x	x
Gelbader-Blaupfeil *Orthetrum nitidinerve*	—	—	—	—	(x)
Schwarze Heidelibelle *Sympetrum danae*	x	x	x	x	x
Sumpf—Heidelibelle *Sympetrum depressiusculum*	x	x	x	x	x
Gefleckte Heidelibelle *Sympetrum flaveolum*	x	x	x	x	x
Frühe Heidelibelle *Sympetrum fonscolombii*	x	x	x	x	x
Südliche Heidelibelle *Sympetrum meridionale*	x	x	x	x	x
Gebänderte Heidelibelle *Sympetrum pedemontanum*	x	x	x	x	x
Blutrote Heidelibelle *Sympetrum sanguineum*	x	x	x	x	x
Wüsten-Heidelibelle *Sympetrum sinaiticum*	—	—	—	—	(x)
Große Heidelibelle *Sympetrum striolatum*	x	x	x	x	x
Gemeine Heidelibelle *Sympetrum vulgatum*	x	x	x	x	x
Violetter Sonnenzeiger *Trithemis annulata*	—	—	—	x	x
Rotader-Sonnenzeiger *Trithemis arteriosa*	—	—	—	—	—
Indigo-Sonnenzeiger *Trithemis festiva*	—	—	—	—	—
Feuerroter Sonnenzeiger *Trithemis kirbyi*	—	—	—	(x)	(x)
Gefleckter Wasserfallkreuzer *Zygonyx torridus*	—	—	—	—	(x)

E, P	GB, IRL	NL, B, L	DK, S, N, FIN	PL, EST, LV, LT	CZ, SK	SLO, HR, SRB, BIH	RO, BG	GR, AL	Seite
x	—	—	—	—	—	—	—	(x)	282
x	x	x	x	x	x	x	x	x	284
x	—	—	—	—	—	—	—	—	284
—	x	x	x	x	x	(x)	(x)	—	286
—	—	x	—	x	x	x	x	x	286
x	x	x	x	x	x	x	x	x	288
x	x	x	(x)	x	x	x	x	x	290
x	—	x	—	x	x	x	x	x	292
(x)	—	x	(x)	x	x	x	x	(x)	292
x	x	x	x	x	x	x	x	x	294
x	—	—	—	—	—	—	—	—	294
x	x	x	x	x	x	x	x	x	296
—	(x)	x	x	x	x	x	x	X	296
x	—	—	—	—	—	(x)	—	X	298
—	—	—	—	—	—	—	—	(x)	298
—	—	—	—	—	—	—	—	(x)	300
x	—	—	—	—	—	—	—	(x)	300
x	—				—	—	—	—	300

Westliche Weidenjungfer, (früher: Weidenjungfer)

Chalcolestes viridis (Vander Linden 1825), *Lestes viridis*

KENNZEICHEN Die Weidenjungfer unterscheidet sich von den übrigen *Lestes*-Arten durch das einfarbig hellbraune Flügelmal. Körper grünmetallisch bis kupfern gefärbt, ohne blaue Bereifung. Von grünmetallischen Gemeinen und Glänzenden Binsenjungfern, die ebenfalls ein helles Pterostigma besitzen, ist das Männchen durch die kurzen unteren Anhänge, das Weibchen durch die unten gezähnte Legeröhre zu unterscheiden.

FLUGZEIT Anfang Juli und oft erst im Herbst bei der Eiablage.

VORKOMMEN Die Weidenjungfer lebt an Fischteichen, Baggerseen künstlichen Gewässern mit Erlen- oder Weidengebüschen am Ufer. In Deutschland derzeit nicht gefährdet.

LEBENSWEISE Die Weibchen übernachten entfernt vom Gewässer und fliegen am Morgen zurück.Die Männchen entführen sie zur Paarung. Die Tandems fliegen zu bevorzugten Ufersträuchern mit über das Wasser ragenden Zweigen. Die Art legt ihre Eier nur in Holzgewächsen ab. Die Eilogen können unter der Rinde Temperaturen bis -30° C ertragen. Im April schlüpft die Prolarve. Sie lässt sich ins Wasser fallen und häutet sich dort zu richtigen Larve.

LARVENSTADIUM Die Larve (siehe Foto S. 80 oben) ist robuster als die anderen *Lestes*-Larven, mit breiten Kiemenblättchen und einer auffallend kurzen, zur Basis allmählich (nicht stielartig) verschmälerten Fangmaske.

Östliche Weidenjungfer

Chalcolestes parvidens (Artobolevskii, 1929)

KENNZEICHEN Die lange Zeit als Unterart von *C. viridis* geführte Spezies kann nur anhand feiner Merkmale von ihr unterschieden werden: das Pterostigma ist braun, die elfenbein-farbenen Cerci des Männchens auf der Innenseite mit einem kaum sichtbaren Zahn und winziger schwarzer Endspitze (*viridis*: deutlich entwickelter Zahn, größerer schwarzer Bereich). Weibchen tragen am unteren Rand des Ovipositors 6-8 spitze Zähne (*viridis*: 10-14 Zähne).

FLUGZEIT Anfang Mai bis in den November.

VORKOMMEN *C. parvidens* ist überwiegend südosteuropäisch verbreitet, westlichste Funde aus Korsika und Norditalien.

LEBENSWEISE Nach einer Reifungszeit von ca. 2 Monaten fliegen die Tiere an ihren Entwicklungs-Gewässern mit beschattenden Pflanzen für die Eiablage.

Westliche Weidenjungfer, *Lestes viridis*, sechs Paare bei der Eiablage, Ingstetten, Deutschland

Südliche Binsenjungfer

Lestes barbarus (Fabricius 1798)

KENNZEICHEN Die Südliche Binsenjungfer ist in beiden Geschlechtern durch das zweifarbige Flügelmal (innen braun, außen weiß) leicht zu erkennen. Im Vergleich zu den anderen *Lestes*-Arten fällt die ausgedehnte weißliche Zeichnung der Körperseiten auf: am Hinterleibsende reicht sie bis zur Oberseite und schließt auch die Anhänge mit ein. Eine blaue Bereifung fehlt weit gehend.

FLUGZEIT Die Flugzeit beginnt Ende Juni, im Süden schon Anfang Mai, und reicht bis in den Oktober.

VORKOMMEN Die mediterrane Art ist ausgesprochen wanderfreudig und besiedelt gern neu entstandene Kleingewässer. Sie kommt aber auch an pflanzenreichen Überschwemmungsgewässern vor. Ihre Häufigkeit schwankt auffallend von Jahr zu Jahr: In günstigen Sommern vermehrt sie sich stark, sie kann dann aber nach kalten Wintern gebietsweise wieder völlig verschwinden. In der Roten Liste wird sie als stark gefährdet eingestuft.

LARVENSTADIUM Die Larven dieser Art erinnern in der Form der Kiemenblättchen sehr an die der Gemeinen Binsenjungfer, sind aber insgesamt blasser und weniger kontrastreich gezeichnet. Die Kiemenblättchen sind, wenn überhaupt, nur ganz schwach quer gebändert (siehe Foto S. 81 unten).

Südliche Binsenjungfer, *Lestes barbarus* ♂, Winkeldorf, Deutschland.

Südliche Binsenjungfer, *Lestes barbarus*, Paarungsrad, Winkeldorf, Deutschland.

Glänzende Binsenjungfer

Lestes dryas (Kirby 1890)

KENNZEICHEN

Die Glänzende Binsenjungfer ähnelt sehr der Gemeinen Binsenjungfer. Sie ist jedoch etwas größer – gut 40 mm gegenüber ca. 35 mm Körperlänge – und robuster als diese. In der Färbung gleicht sie ihr weitgehend, nur überzieht hier beim Männchen die blaue Bereifung nur die vordere Hälfte des 2. Abdominalsegments (ein gutes Merkmal für die Bestimmung nach Fotos). Die unteren Anhänge des Männchens sind hinten etwas löffelförmig verbreitert und nach innen gebogen (siehe Abb. S-14, S. 66). Beim Weibchen überragt der kräftige Legebohrer das letzte Hinterleibssegment (siehe Abb. S-15, S. 66).

FLUGZEIT

Die Flugzeit beginnt etwas früher als bei der Gemeinen Binsenjungfer. Sie startet Anfang bis Mitte Juni und reicht bis in den September.

VORKOMMEN

Die Glänzende Binsenjungfer ist wesentlich seltener als die Gemeine Binsenjungfer, mit der sie aber oft zusammen vorkommt. Ihr typischer Lebensraum sind pflanzenreiche, stehende Flachgewässer mit stark schwankendem Wasserstand, vor allem Überschwemmungsflächen, die im Frühjahr einige Monate überflutet werden und ab Juni/Juli trockenfallen. Da ihre Ansprüche heute nur noch selten erfüllt werden, wird die Art in der Roten Liste als gefährdet eingestuft.

LARVENSTADIUM

Die Larven entwickeln sich sehr schnell – in etwa zwei Monaten – aus den in den Pflanzenstängeln überwinternden Eiern. Sie sind durch ihre lanzettförmig verschmälerten Kiemenblättchen leicht von den Larven der Gemeinen Binsenjungfer zu unterscheiden (siehe Foto S. 81 Mitte).

LEBENSWEISE

In ihrem Eiablageverhalten ähnelt die Glänzende Binsenjungfer der Gemeinen Binsenjungfer. Sie legt allerdings, sofern ihr Entwicklungsgewässer nicht ohnehin trockengefallen ist, meist am Ufer in Binsenvegetation die Eier ab. Ein Untertauchen während der Eiablage wurde bei dieser Art offenbar noch nicht beobachtet.

Glänzende Binsenjungfer, *Lestes dryas* ♂, Winkeldorf, Deutschland.

Glänzende Binsenjungfer, *Lestes dryas* ♀, Böhmenkirch, Deutschland.

Dunkle Binsenjungfer

Lestes macrostigma (Eversmann 1836)

KENNZEICHEN Wie bei der Südlichen Binsenjungfer bildet auch bei der Dunklen Binsenjungfer das Pterostigma ein wichtiges Merkmal: Es ist auffallend groß und steht vor drei bis vier Flügelzellen. Bei allen übrigen Lestiden steht es nur vor zwei. Der Körper ist blauschwarz gefärbt und bei beiden Geschlechtern (!) im Alter an Hinterleibsbasis und -ende sowie am Thorax blau bereift.

FLUGZEIT Die Flugzeit reicht von Mai/Juni bis September.

VORKOMMEN Die Art kommt besonders an salzhaltigen Steppengewässern vor. Ihr Hauptverbreitungsgebiet liegt in Südosteuropa und erreicht Mitteleuropa im Gebiet des Neusiedler Sees. Sie fliegt aber z. B. auch in Südfrankreich (Camargue), Spanien und Italien. Für Deutschland wurde sie bisher viermal in Bayern nachgewiesen. Sie gilt bei uns als Vermehrungsgast und wurde zuletzt 1997 im Murnauer Moos beobachtet (Kuhn 1998). Sie zeigt von Jahr zu Jahr ganz auffällige Häufigkeitsschwankungen und kann durchaus in Gebieten, in denen sie noch ein oder mehrere Jahre zuvor geradezu massenhaft auftrat, plötzlich vollkommen fehlen.

LARVENSTADIUM Die Larve unterscheidet sich von denen der vorangegangen *Lestes*-Arten durch einen auffallend breiten und kurzen „Stiel" im Basalteil der Fangmaske. Sie vermittelt mit diesem Merkmal recht gut zur ungestielten, lediglich zur Basis verschmälerten Fangmaske der Weidenjungfer-Larve.

Dunkle Binsenjungfer, *Lestes macrostigma*, Tandem am Gewässerufer, kurz vor der Paarung. Mas Thibert, Frankreich.

Gemeine Binsenjungfer

Lestes sponsa (Hansemann 1823)

KENNZEICHEN

Die Gemeine Binsenjungfer hat eine grünmetallische Grundfärbung, die beim Weibchen oft kupferfarben wirken kann. Das Flügelmal ist schwarzbraun. Beim Männchen sind die unteren Anhänge stiftförmig, gerade und fast so lang wie die oberen (siehe Abb. S-12, S. 66). Das Abdomen des ausgefärbten Männchens ist oben auf den Segmenten 1 bis 2 und 8 bis 10 hellblau bereift. Beim Weibchen überragt der Legebohrer nicht das letzte Segment (siehe Abb. S-13, S. 66).

FLUGZEIT

Die Flugzeit reicht von Ende Juni bis September/Oktober.

VORKOMMEN

Die Gemeine Binsenjungfer kommt bei uns häufig vor. Sie lebt vor allem an Teichen und Tümpeln mit reicher Binsen- oder Schachtelhalmvegetation. Oft handelt es sich um Gewässer, die regelmäßig austrocknen bzw. abgelassen werden (Fischteiche).

LARVENSTADIUM

Die Larve der Gemeinen Binsenjungfer (siehe Foto S. 81 oben) besitzt dunkel gebänderte, am Ende abgerundete Kiemenblättchen. Wie bei allen Teichjungfern (Lestiden) zweigen die Seitenadern fast rechtwinklig von der Mittelader ab (siehe Abb. L-14, S. 80).

LEBENSWEISE

Nach der Paarung begleitet das Männchen sein Weibchen als Tandem zur Eiablage. Die Partner setzen sich übereinander an senkrecht aus dem Wasser ragende Halme. Dieses Verhalten wird auch als „Lestes-Typ" der Eiablage bezeichnet. Während das Paar langsam hinabschreitet, schiebt das Weibchen mit dem Legebohrer die Eier ins Mark des Pflanzenstängels. Oft sieht man die Paare dabei für längere Zeit untertauchen (siehe Foto S. 23 links oben). Die Eier überwintern. Die Larve schlüpft im Frühjahr und entwickelt sich in zwei bis drei Monaten zur fertigen Libelle.

Gemeine Binsenjungfer, *Lestes sponsa*, Paarungsrad, Ingstetten, Deutschland.

Kleine Binsenjungfer

Lestes virens (Charpentier 1825)

KENNZEICHEN Die Kleine Binsenjungfer ist mit 30–35 mm Körperlänge etwas kleiner und zarter als die übrigen Arten der Gattung. Bei dieser Art ist der Kopf hinten nach unten hin zwischen den Augen scharf abgesetzt gelb gefärbt (siehe Abb. S-9, S. 65), und das bräunliche Flügelmal ist innen und außen von weißen Flügeladern begrenzt. Beim Männchen sind die unteren Anhänge viel kürzer als die oberen. Die blaue Bereifung des Männchens ist nur auf den Segmenten 9 und 10 entwickelt, auf den vorderen Segmenten fehlt sie.

FLUGZEIT Die Art fliegt später als die anderen Teichjungfer-Arten. Die Tiere schlüpfen zwar ab Juli, erscheinen aber meist erst im August/September wieder an den Gewässern, wo sie bis in den Oktober zu beobachten sind.

VORKOMMEN Die Kleine Binsenjungfer fliegt vor allem an sauren, flachen Moorgewässern. Gelegentlich kommt sie auch in Sandgruben und an Fischteichen vor. An ihren Fundorten findet man fast immer auch andere Lestes-Arten Wegen ihrer deutlich rückläufigen Bestandsentwicklung gilt sie als stark gefährdet.

LARVENSTADIUM Die Larven dieser Art erinnern in der Form der Kiemenblättchen sehr an die der Gemeinen Binsenjungfer. Sie sind aber insgesamt blasser und weniger kontrastreich gezeichnet. Die Kiemenblättchen sind, wenn überhaupt, nur ganz schwach quer gebändert.

LEBENSWEISE Die Eier werden in Binsen, Igelkolben und anderen aufragenden Wasser und Uferpflanzen abgelegt. Wie bei allen anderen Binsenjungfern sind die Eier das Überwinterungsstadium.

Kleine Binsenjungfer, *Lestes virens* ♂, Winkeldorf, Deutschland.

Kleine Binsenjungfer, *Lestes virens* ♀, Ramsberg, Deutschland.

Gemeine Winterlibelle

Sympecma fusca (Vander Linden 1820)

KENNZEICHEN Die Gemeine Winterlibelle hat eine hellbraune Grundfärbung mit dunkelbraunen, kupfern irisierenden Zeichnungen. Auf der Oberseite des Abdomens besteht die dunkle Zeichnung aus lanzettförmigen Flecken, genau wie beim Weibchen der Becher-Azurjungfer, *Enallagma cyathigerum* (s. S. 160). Beide Geschlechter gleichen sich weitgehend, mit Ausnahme der Hinterleibsanhänge. Anders als die *Lestes*-Arten legen die Winterlibellen in Ruhelage ihre Flügel zusammen.

FLUGZEIT Die Art fliegt von Juli bis in den Mai des Folgejahres.

VORKOMMEN Die Gemeine Winterlibelle kommt vor allem an Gewässern mit von Röhricht bewachsenen Ufern vor – etwa an Altwassern, Baggerseen und auch an Fischteichen. Sie meidet im Allgemeinen höhere Lagen. Da ihre Bestände gebietsweise stark rückläufig sind, wird sie als gefährdet eingestuft.

LARVENSTADIUM Die Larven schlüpfen nach etwa drei Wochen und entwickeln sich in zwei bis drei Monaten. Die erwachsene Larve (siehe Foto S. 80 unten) ähnelt sehr der Weidenjungfer-Larve (*Lestes viridis*). Die Unterscheidungsmerkmale werden im Larvenschlüssel angeführt.

LEBENSWEISE Die Gemeine Winterlibelle schlüpft im Juli oder August. Die Tiere paaren sich im Schlupfjahr noch nicht, sondern suchen zum Herbst hin geschützte Überwinterungsquartiere auf, die oft weit entfernt von jedem Gewässer liegen. Ein derartiges Winterquartier wurde 2005 auf einer größeren Waldlichtung im Raum Starnberg entdeckt (Miller & Miller 2006). Die Tiere saßen meist an Pflanzenstängeln und ließen sich bei stärkerem Schneefall auch zeitweise vollkommen einschneien. Selbst bei leichten Minusgraden zeigten sie sich durchaus beweglich und drehten sich z.B. bei Annäherung auf die Rückseite des Halmes (siehe Foto S. 9). Im April kann man die Libellen wieder am Gewässer beobachten. Die Paare setzen sich in Tandemstellung zur Eiablage horizontal auf im Wasser schwimmende, abgestorbene Binsen- und Schilfhalme („Sympecma-Typ" der Eiablage, siehe Foto S. 17). Die Libellen leben bis in den Mai, vereinzelt bis Mitte Juni.

Gemeine Winterlibelle, *Sympecma fusca* ♀, Ludwigsfeld, Deutschland.

Gemeine Winterlibelle, *Sympecma fusca* ♀, gut getarnt im Winterquartier, Seewiesen, Deutschland.

Sibirische Winterlibelle

Sympecma paedisca (Brauer 1877)

KENNZEICHEN Die Sibirische Winterlibelle ist sehr schwer von der Gemeinen Winterlibelle zu unterscheiden. Der auffälligste Unterschied liegt in der Thoraxzeichnung. Der obere dunkle Längsstreifen hat bei der Gemeinen Winterlibelle einen durchgehenden, fast geraden Unterrand (siehe Abb. S-5, S. 65). Bei der Sibirischen Winterlibelle ist dieser Rand in der hinteren Hälfte in einen kleinen, aber auch an Fotos meist erkennbaren Zipfel ausgezogen (siehe Abb. S-7, S. 65). Die Männchen sind außerdem an den Hinterleibsanhängen zu unterscheiden. Bei der Sibirischen Winterlibelle sind die unteren Anhänge sehr kurz und kaum sichtbar (siehe Abb. S-8, S. 65), bei der Gemeinen Winterlibelle dagegen fast halb so lang wie die oberen (siehe Abb. S-6, S. 65).

FLUGZEIT Sie fliegt etwa zur gleichen Zeit wie die Gemeine Winterlibelle. Der Zeitpunkt der Eiablage liegt aber etwas später: Von Mitte Mai bis Anfang Juni findet man die meisten Eier legenden Paare.

VORKOMMEN Die Sibirische Winterlibelle hat ihren Verbreitungsschwerpunkt in Osteuropa, kommt aber z. B. auch in Holland vor. Die Art bevorzugt ähnliche Gewässer wie die Gemeine Winterlibelle und fliegt auch gelegentlich gemeinsam mit dieser. Ihr Verbreitungsschwerpunkt in Deutschland liegt im Alpenvorland. Dort fehlt die andere Art weitgehend. Weitere Vorkommen sind aus dem Bodenseegebiet und aus Nordostbayern bekannt. Sehr selten kommt sie auch im norddeutschen Flachland – Westfalen und westlich der Weser – vor. Diese Art gilt als stark gefährdet.

LARVENSTADIUM Die Larve lässt sich derzeit noch nicht sicher von der der Gemeinen Winterlibelle trennen.

LEBENSWEISE Außer der Gemeinen Winterlibelle ist die Sibirische Winterlibelle die einzige mitteleuropäische Libelle, die als Imago überwintert. Im Versuch überstand die Art dabei Temperaturen von -17 °C (Prenn 1928).

Sibirische Winterlibelle, *Sympecma paedisca* ♂, Rieden, Deutschland.

Sibirische Winterlibelle, *Sympecma paedisca* ♀, bis zur Unkenntlichkeit vereist, Rieden, Deutschland.

Bronzene Prachtlibelle, (früher: Rote Prachtlibelle)

Calopteryx haemorrhoidalis (Vander Linden 1825)

KENNZEICHEN

Die Bronzene Prachtlibelle unterscheidet sich recht deutlich von den übrigen *Calopteryx*-Arten. Beim Männchen glänzt der Körper mit einem deutlichen Rotschiller, und die Flügel sind mit Ausnahme einer schmalen durchscheinenden Zone an der Basis und Spitze dunkelbraun gefärbt (ohne deutlichen Blauschiller). Das „Schlusslicht" an den hinteren Bauchsegmenten leuchtet grell karminrot, noch intensiver als bei der Blauflügel-Prachtlibelle. Das Weibchen hat eine grün schillernde bis kupferne Körperfärbung und bräunlich getönte Flügel mit scharf abgesetzten, dunkelbraunen Spitzen an den Hinterflügeln.

FLUGZEIT

Die Flugzeit ist sehr lang: Sie beginnt oft schon im April und endet meist erst im September. Wie Markierungsversuche gezeigt haben, leben die Einzeltiere aber nur etwa vier bis sechs Wochen (Heymer 1973).

VORKOMMEN

Die Bronzene Prachtlibelle fehlt in Mitteleuropa Im Mittelmeergebiet ist sie vielerorts häufig. Sie kommt oft gemeinsam mit anderen Calopteryx-Arten vor. Am unteren Verdon (Südfrankreich) traf ich sogar alle vier hier vorgestellten Arten nebeneinander an. Die Bronzene Prachtlibelle stellt hohe Ansprüche an die Wasserqualität und fliegt daher nur an sauberen Fließgewässern.

LARVENSTADIUM

Die Larve ähnelt sehr stark derjenigen der Gebänderten Prachtlibelle, und lässt sich derzeit noch nicht sicher von dieser trennen.

LEBENSWEISE

Die Art unterscheidet sich im Verhalten nicht wesentlich von den anderen Vertretern der Gattung. Nach Heymer (1973) gibt es allerdings auch einige Unterschiede. So ist beispielsweise das Zeigen des Eiablageplatzes zu Beginn des Werbezeremoniells hier besonders auffallend: Das Männchen führt vor dem Weibchen auf der Wasseroberfläche mit weit hochgebogener Abdomenspitze einen Rundtanz auf, bei dem das Weibchen ihm nachfolgt. Dieser Rundtanz ähnelt in auffallender Weise dem Rundtanz der Honigbiene.

Bronzene Prachtlibelle, *Calopteryx haemorrhoidalis* ♂, Manosque, Frankreich.

Bronzene Prachtlibelle, *Calopteryx haemorrhoidalis* ♀, Manosque, Frankreich.

Gebänderte Prachtlibelle

Calopteryx splendens (Harris 1780)

KENNZEICHEN Das Männchen der Gebänderten Prachtlibelle ist unverkennbar: Die grünlich getönten Flügel sind mit einer breiten, schwarzblau schillernden Binde gezeichnet, die die Flügelbasis und -spitze freilässt. Der Körper schillert leuchtend blaugrün. Die letzten drei Hinterleibssegmente sind auf der Unterseite weiß gefärbt. Das Weibchen besitzt grünlich getönte Flügel mit ebenso gefärbten Adern. Der Körper schillert grün bis bronzefarben.

FLUGZEIT Die Flugzeit reicht von Ende Mai bis August/September.

VORKOMMEN Die Gebänderte Prachtlibelle lebt vor allem an langsam fließenden Bächen und Flüssen, besonders an solchen mit sandigem Untergrund und sonnigen Ufern. Sie kommt im größten Teil Europas vor, fehlt aber auf der iberischen Halbinsel und in weiten Teilen Nordeuropas. Durch Begradigungen und Gewässerverschmutzung ist die Art deutlich zurückgegangen. Sie wird derzeit auf der Vorwarnliste geführt.

LARVENSTADIUM Bemerkungen zur Larve (siehe Foto S. 79 oben) finden sich bei der Beschreibung der Blauflügel-Prachtlibelle, *Calopteryx virgo*.

LEBENSWEISE Die Gebänderte Prachtlibelle hat ein ausgeprägtes Balzverhalten (Buchholz 1951, Heymer 1973). Die Männchen besetzen Reviere, die sie gegen Eindringlinge verteidigen. Sobald ein Weibchen auftaucht, zeigt das Männchen zunächst mit seiner hochgebogenen Abdomenspitze („weißes Schlusslicht") einen günstigen Eiablageplatz und umwirbt es dann mit einem hin und her pendelnden Balzflug. Nach der Paarung legt das Weibchen die Eier in flutende Wasserpflanzen; hierzu taucht es vielfach unter die Wasseroberfläche hinab. Das Männchen „bewacht" den Ort der Eiablage von einer Sitzwarte aus.

Gebänderte Prachtlibelle, *Calopteryx splendens* ♂, Schwangau, Deutschland.

Gebänderte Prachtlibelle, *Calopteryx splendens* ♀, Schwangau, Deutschland.

Blauflügel-Prachtlibelle

Calopteryx virgo (Linnaeus 1758)

KENNZEICHEN Beim Männchen der Blauflügel-Prachtlibelle wird nahezu die gesamte Flügelfläche von einer blauschwarz schillernden Färbung überzogen. Nur die äußerste erste Spitze bleibt meistens auf einer Länge von 2–5 mm durchsichtig (auf dem Foto nicht sichtbar). Die Flügel sind etwas breiter als bei der Gebänderten Prachtlibelle. Die letzten drei Bauchsegmente sind leuchtend hellrot gefärbt. Die Flügel des Weibchens weisen eine deutliche Brauntönung und braune Adern auf. Die Weibchen der beiden heimischen *Calopteryx*-Arten sind aber, besonders bei Blitzlichtaufnahmen, nicht immer leicht zu unterscheiden. Im Mittelmeergebiet lebt die Unterart *C. virgo meridionalis*, die von einigen Autoren als eigene Art angesehen wird. Bei ihr überzieht die dunkle Färbung auch die Flügelspitze des Männchens.

FLUGZEIT Die Flugzeit beginnt Mitte Mai und reicht bis in den August.

VORKOMMEN Die Blauflügel-Prachtlibelle kommt oft zusammen mit der Gebänderten Prachtlibelle vor. *C. virgo* bevorzugt allerdings schmalere Bäche mit höherer Fließgeschwindigkeit. Man findet sie vor allem an Bächen, die neben sonnigen auch schattige Uferpartien aufweisen. Gegen Verschmutzungen und Gewässerverbauung ist sie noch empfindlicher als *C. splendens*. Vielerorts zählt sie daher schon zu den größten Seltenheiten. Sie wird zurzeit als gefährdet eingestuft.

LARVENSTADIUM *Calopteryx*-Larven sind durch ihre stabförmige Gestalt und die sehr langen Beine unverkennbar. Sie bewegen sich aber wenig und werden dadurch im Wasserkescher leichtübersehen. Die Larve der Blauflügel-Prachtlibelle (siehe Foto S 79 unten) ist nicht ganz leicht von der Larve der Gebänderten Prachtlibelle, *C. splendens*, zu unterscheiden. Die einzelnen Trennungsmerkmale sind dem Larvenschlüssel zu entnehmen. Das beste Merkmal im Gelände scheint mir die Länge der Fühlerglieder zu sein. Die Larven beider Arten leben vor allem im Uferbereich der Fließgewässer unter ins Wasser hängenden Pflanzenpolstern, Baumwurzeln und dergleichen. Sie sind vorwiegend dämmerungs- und nachtaktiv und brauchen zu ihrer Entwicklung vermutlich zwei Jahre.

LEBENSWEISE Ähnlich der Gebänderten Prachtlibelle besetzen auch bei dieser Art die Männchen Reviere entlang der Bachufer und umwerben die Weibchen mit auffallenden Balztänzen. Das Männchen signalisiert den günstigsten Eiablageort mit seinem hellrot leuchtenden „Schlusslicht".

Blauflügel-Prachtlibelle, *Calopteryx virgo* ♂, Rupprechts, Deutschland.

Blauflügel-Prachtlibelle, *Calopteryx virgo* ♀, Langkampfen, Österreich.

Westliche Prachtlibelle

Calopteryx xanthostoma (Charpentier, 1825)

KENNZEICHEN

Diese nahe Verwandte der Gebänderten Prachtlibelle, als deren Unterart sie lange betrachtet wurde, unterscheidet sich als Männchen deutlich durch die bis zur Flügelspitze reichende dunkle Flügelbinde. Die Unterseite der Hinterleibsspitze ist mehr gelblich gefärbt (bei *C. splendens* weißlich). Das Weibchen ist sehr schwer von dem der anderen Art zu unterscheiden; die letzten Hinterleibssegmente sind oberseits meist nicht metallisch grün, sondern trüb braun gefärbt. In der Körpergröße gleichen sich beide Arten.

FLUGZEIT

Die ausgesprochen lange Flugzeit reicht von April bis September.

VORKOMMEN

Die Art fehlt in Mitteleuropa. Ihre Verbreitung beschränkt sich weitgehend auf die Iberische Halbinsel und die Südhälfte Frankreichs. Darüber hinaus erstreckt sich ein schmaler Streifen des Verbreitungsgebiets entlang der Mittelmeerküste vom südöstlichsten Frankreich bis nach Ligurien.

LEBENSWEISE

Die dunkle Flügelfärbung erscheint beim Männchen erst im Lauf der ersten Woche nach dem Schlupf. Das Männchen der Gebänderten Prachtlibelle dagegen schlüpft bereits mit dunkler Flügelbinde. Bei der Westlichen Prachtlibelle tauchen auch keine Weibchen mit dunklen Flügelzeichnungen auf, was bei der anderen Art gelegentlich vorkommt, besonders bei Populationen auf der Balkanhalbinsel. In Südfrankreich und Norditalien, wo sich die Verbreitungsgebiete beider Arten überschneiden, kommt es gelegentlich zur Bastardisierung.

Paarungsrad der Westlichen Prachtlibelle, *Calopteryx xanthostoma*, Gardon Mialet, Frankreich.

Blaue Orientjungfer

Epallage fatime (Charpentier 1840)

KENNZEICHEN

Diese ausgesprochen robust gebaute Kleinlibelle erreicht mit 40–50 mm Körperlänge und 60–70 mm Flügelspannweite die gleiche Größe wie die Prachtlibellen-Arten. Die Flügel sind deutlich schmaler. Das Männchen ist an den ersten Tagen fast schwarz gefärbt, mit wenigen hellen Zeichnungen an den Seiten des Thorax und des Hinterleibs. Kurz darauf entwickelt sich auf dem ganzen Körper eine prächtig hellblaue Bereifung, die auch die Beine überzieht. Die Flügelspitzen sind jeweils mit einem dunkelbraunen Halbmond gezeichnet. Das Weibchen besitzt eine gelblich weiße oder hellbläuliche Grundfärbung mit paarigen dunklen Längsstreifen auf dem Hinterleib, dazwischen in der Hinterleibsmitte einen hellen Längsstreifen. Außer den dunklen Flügelspitzen ist meist auch eine dreieckige, dunkle Zeichnung an der Flügelbasis entwickelt. Die Flügelfleckung kann aber stark variieren, sowohl was die Ausdehnung als auch den Grad der Verdunklung betrifft. Im Extrem können Tiere mit vollkommen ungezeichneten wie auch solche mit in ganzer Ausdehnung verdunkelten Flügeln vorkommen.

FLUGZEIT

Die Flugzeit reicht von Ende April bis Mitte August.

VORKOMMEN

Die Blaue Orientjungfer kommt am häufigsten an steinigen Bergbächen, seltener auch an Flüssen vor. Sie ist gebietsweise in Griechenland und in der Türkei sowie auf einigen dazwischenliegenden Inseln nicht selten. Weitere Vorkommen sind aus dem südlichen Albanien und dem östlichen Bulgarien bekannt

LEBENSWEISE

Beide Geschlechter halten sich meist im Uferbereich ihrer Entwicklungsgewässer auf, oft in größerer Anzahl. Sie setzen sich regelmäßig auf Steine oder Zweige und halten dabei, anders als die übrigen Kleinlibellen, ihre Flügel flach ausgebreitet. Hierdurch, wie auch durch ihren schnellen Flug und die robuste Körperform, erinnern sie sehr an Großlibellen.

Blaue Orientjungfer, *Epallage fatime* ♂, Küycegiz, Türkei

Blaue Orientjungfer, *Epallage fatime* ♀, Küycegiz, Türkei

Weiße Federlibelle

Platycnemis latipes (Rambur 1842)

KENNZEICHEN Durch ihre weißliche, porzellanartige Grundfärbung könnte man die Weiße Federlibelle leicht mit einem Jungtier der Gemeinen Federlibelle verwechseln. Die dunkle Zeichnung auf der Oberseite des Hinterleibs ist aber weniger ausgedehnt: Das Männchen besitzt nur auf den Segmenten 6 bis 10, das Weibchen auf den Segmenten 2 bis 7 dunkle Längsstreifen, die beim Weibchen sehr schmal sind. Die Schienen der Mittel- und Hinterbeine sind breiter als bei der Gemeinen Federlibelle.

FLUGZEIT Die Art fliegt von Juni bis August.

VORKOMMEN Die Weiße Federlibelle lebt vorwiegend an Fließgewässern im westlichen Mittelmeergebiet (Südfrankreich, Spanien, Portugal). 1967 wurde sie im Elsass in der Nähe zur deutschen Grenze gefunden (Heymer 1968). Dieser Fund, weit entfernt von den nächsten bekannten Vorkommen, lässt vermuten, dass die Art sich in jüngster Zeit ausbreitet und eines Tages auch in Deutschland auftaucht.Steckbrief und Bild zu dieser Art auf der nächsten Seite. Die Arte ist aber auf der dieser Seite vorgestellt.

LARVENSTADIUM Die Larve (siehe Foto S. 82 unten) lässt sich nicht sicher von der von *P. pennipes* unterscheiden. Sie besitzt aber meist etwas breitere Kiemenblättchen.

Orange Federlibelle, (früher: Rote Federlibelle)

Platycnemis acutipennis (Sélys 1841)

KENNZEICHEN Die Orange Federlibelle ist in beiden Geschlechtern an der orangeroten Hinterleibsfärbung leicht zu erkennen. Die Schienen des Männchens sind nicht so deutlich verbreitert wie bei den anderen Arten, die des Weibchens sind es gar nicht. Die dunkle Zeichnung beschränkt sich beim Männchen auf die Segmente 7 bis 9. Beim Weibchen tragen auch die vorderen Abdominalsegmente dunkle Längsstreifen.

FLUGZEIT Mai bis Juli.

VORKOMMEN *P. acutipennis* hat fast das gleiche Verbreitungsgebiet wie P. latipes. Sie fehlt aber in ganz Mitteleuropa. Auch die ökologischen Ansprüche scheinen weitgehend die gleichen zu sein.

Weiße Federlibelle, *Platycnemis latipes* ♂, Mas Thibert, Frankreich.

Orange Federlibelle, *Platycnemis acutipennis* ♀, Mas Thibert, Frankreich.

Blaue Federlibelle, (früher: Gemeine Federlibelle)

Platycnemis pennipes (Pallas 1771)

KENNZEICHEN

Ein auffallendes Merkmal der Blauen Federlibelle sind die für die Familie typischen, flächig verbreiteten Mittel- und Hinterschienen. Das Männchen ist hellblau, das Weibchen cremefarben oder grünlich gefärbt. Jungtiere sind fast weiß. Beide Geschlechter sind auf der Oberseite der Abdominalsegmente mit jeweils zwei hinten verbreiterten, schwarzen Längsstreifen gezeichnet. Die Ausdehnung dieser Streifen ist individuell sehr verschieden, sie können z.B. auch verschmolzen oder zu zwei Punkten reduziert sein.

FLUGZEIT

Die Flugzeit beginnt Mitte Mai und erstreckt sich bis in den Monat September.

VORKOMMEN

Die Blaue Federlibelle ist in Deutschland die einzige Art dieser Familie. Sie lebt außer an stehenden auch an langsam fließenden Gewässern. Am häufigsten ist sie an pflanzenreichen Teichen und Gräben in den Flusstälern. Sie ist bei uns sehr verbreitet, wird aber nach Norden seltener.

LARVENSTADIUM

Die verhältnismäßig trägen Larven (siehe Foto S. 82 oben) besitzen bunt gescheckte Kiemenblättchen, die an ihrer Spitze in einen langen, fadenförmigen Zipfel ausgezogen sind. Sie leben vor allem am Gewässergrund und überwintern meist im letzten Stadium. Die Entwicklung ist einjährig.

LEBENSWEISE

Die Eiablage erfolgt in der gleichen Weise wie bei der Hufeisen-Azurjungfer, *Coenagrion puella* (siehe S. 162): Das Männchen bleibt nach der Paarung am Prothorax des Weibchens verankert. Während dieses seine Eier in untergetauchte Wasserpflanzen oder an der Wasseroberfläche schwimmende Pflanzenteile ablegt, steht das Männchen mit angezogenen Beinen steif aufrecht über der Partnerin.

Blaue Federlibelle, *Platycnemis pennipes* ♂, Reisensburg, Deutschland.

Blaue Federlibelle, *Platycnemis pennipes* ♀, Reisensburg, Deutschland.

Zarte Rubinjungfer, (früher: Späte Adonislibelle, Scharlachlibelle)

Ceriagrion tenellum (De Villers 1789)

KENNZEICHEN

Die Zarte Rubinjungfer ist etwas kleiner als die Frühe Adonislibelle. Männchen mit einfarbig rotem Abdomen, Weibchen in vier Färbungsvarianten. Am häufigsten sind die vorderen drei Segmente rot, dann folgen fünf schwarze, während die Hinterleibsspitze wieder rot ist (siehe Foto unten). Eine Farbvariante des Weibchens ist wie das Männchen gefärbt, eine dritte fast einfarbig schwarz. Die letzte Form hat ein rotes Abdomen mit dunklen Endringen auf den mittleren Segmenten.

FLUGZEIT

Mitte Juni in den September.

VORKOMMEN

Die Zarte Rubinjungfer ist im Mittelmeergebiet recht häufig, bei uns nur von wenigen Fundorten bekannt. In der Lüneburger Heide lebt sie zusammen mit der Arktischen Smaragdlibelle in sauren Quellmooren mit dichten Torfmoospolstern und üppigen Beständen der Moorlilie. Im Allgäu wurde sie zusammen mit der Zweigestreiften Quelljungfer an Quellrinnsalen gefunden. Im klimatisch günstigeren Bodenseegebiet kommt die Art auch an größeren Seen vor. Bei uns ist die Art vom Aussterben bedroht, da die meist kleinflächigen Quellgebiete durch die umgebenden landwirtschaftlichen Nutzflächen vielerorts stark geschädigt werden.

LARVENSTADIUM

Die Larve (siehe Foto S 83 unten) ähnelt durch ihre untersetzte Gestalt der Frühen Adonislibelle. Wie diese besitzt sie einen eckigen Hinterkopf. Das beste Unterscheidungsmerkmal sind die Kiemenblättchen: Diese sind bei der Zarten Rubinjungfer noch kürzer, nur schwach gezeichnet und deutlich in eine am Rand bedornte Basalhälfte und eine bewimperte Spitzenhälfte getrennt. Man findet die Larven z. B. in dichten Torfmoosrasen, wo sie, meist im vorletzten Stadium, überwintern.

Große Rubinjungfer

Ceriagrion georgifreyi (Schmidt 1953)

KENNZEICHEN

Die zu Ehren von Georg Frey (berühmter Käfersammler, 1902-1976) benannte Art ist geringfügig größer (35–40mm) als *C. tenellum*. Männchen weisen schlankere untere Hinterleibsanhänge auf, Segment 10 ist am oberen Hinterrand leicht aufgeworfen und mit kurzen schwarzen Dornen bestückt. Weibchen verfügen über hochstehende Lappen am Hinterrand ihres Prothorax.

LEBENSWEISE

Die Art ist lediglich von wenigen griechischen Inseln bekannt, sowie entlang der Küste im östlichen Mittelmeer. Sie besiedelt ähnliche Gewässer wie *C. tenellum*.

Zarte Rubinjungfer, *Ceriagrion tenellum* ♂, Ostertimke, Deutschland.

Zarte Rubinjungfer, *Ceriagrion tenellum* ♀, Manosque, Frankreich

Hauben-Azurjungfer

Coenagrion armatum (Charpentier 1840)

KENNZEICHEN Das Männchen der Hauben-Azurjungfer besitzt als auffallendstes Kennzeichen löffelförmige untere Hinterleibsanhänge, die doppelt so lang sind wie das 10 Segment (siehe Abb. S-34, S. 68). Die oberen Anhänge sind dagegen stark reduziert. Durch die ausgedehnte Schwarzfärbung der Abdomenoberseite (der größte Teil von Segment 3 und Segment 4 bis 7) erinnert es etwas an die Große Pechlibelle, *Ischnura elegans*. Das 2. Segment ist aber hellblau und trägt am Hinterrand einen vorn runden schwarzen Fleck mit zwei davorliegenden Strichen (siehe Abb. S-33, S. 68) Die Grundfärbung des Thorax geht mehr ins Grünliche. Das Weibchen ist ähnlich gefärbt wie das Männchen, kann aber auch rötliche Farbtöne besitzen. Auf dem 2. Segment fällt ein breit gestieltes, schwarzes Dreieck auf. Der Hinterrand des Pronotums ist seitlich abgerundet und in der Mitte in einen zungenförmigen Fortsatz ausgezogen (siehe Abb. S-44, S. 69).

FLUGZEIT Die Flugzeit dieser Art ist auffallend kurz. Sie reicht höchstens von Anfang Mai bis Ende Juni, meist mit Schwerpunkt in der ersten Juniwoche, kann aber auch schon Ende Mai beendet sein.

VORKOMMEN Das Verbreitungsgebiet der Hauben-Azurjungfer liegt schwerpunktmäßig in Nordosteuropa sowie in Asien. Bei uns kommt die Art anscheinend nur in Schleswig-Holstein vor. Hier wurde sie 2008 nahe der dänischen Grenze wieder gefunden, nachdem sie viele Jahre in diesem Gebiet nicht mehr gesehen worden war (Bowman & Ketelaar 2008). Bei den Lebensräumen dieser Art handelt es sich um pflanzenreiche Teiche und Tümpel, vor allem am Rand von Mooren. Durch die Eutrophierung derartiger Gewässertypen sowie durch die Austrocknung der Moore in niederschlagsarmen Jahren ist sie in ganz Mitteleuropa akut vom Aussterben bedroht.

LARVENSTADIUM Die Larve ist bislang nur unzureichend bekannt und lässt sich derzeit nicht sicher von der der Speer-Azurjungfer unterscheiden.

Hauben-Azurjungfer, *Coenagrion armatum* ♂, Hallandsas, Schweden.

Hauben-Azurjungfer, *Coenagrion armatum* ♀, Hallandsas, Schweden.

Südliche Azurjungfer, (früher: Blaue Azurjungfer)

Coenagrion caerulescens (Fonscolombe 1838)

KENNZEICHEN

Die Südliche Azurjungfer kann sehr leicht mit der Gabel-Azurjungfer (siehe S. 174) verwechselt werden, der besonders – das Männchen – täuschend ähnlichsieht. Das wichtigste Unterscheidungsmerkmal beim Männchen sind die oberen Hinterleibsanhänge, die hier nicht länger als die Hälfte von Segment 10 sind und nur einen schwach gebogenen Apikalzahn besitzen (siehe Abb. S-30, S. 68). Die Zeichnung auf dem 2. Segment entspricht außerdem meist einem gestielten, an der Basis verdickten „U", trägt also in der Mitte keinen Zahn (siehe Abb. S-29, S. 68). Dieses Merkmal kann aber variieren. Viel leichter ist dagegen das Weibchen von dem der Gabel- Azurjungfer zu unterscheiden. Bei ihm ist der Hinterrand des Pronotums in der Mitte tief v-förmig ausgeschnitten (siehe Abb. S-42, S. 69), was meist, wie auf dem unteren Foto, auch auf Fotos gut zu erkennen ist.

FLUGZEIT

Die Flugzeit liegt zwischen Mai und August.

VORKOMMEN

Die Art kommt nur im südwestlichen Teil Europas vor (Spanien, Südfrankreich, westliches Italien) und ist hier – wie etwa im südöstlichen Frankreich – gebietsweise recht häufig. Im deutlichen Unterschied zur Gabel-Azurjungfer findet man sie offenbar ausschließlich an kleineren Fließgewässern, meist in Gesellschaft von Helm-Azurjungfer und Pokal-Azurjungfer.

Südliche Azurjungfer, *Coenagrion caerulescens* ♂, Mas Thibert, Frankreich.

Südliche Azurjungfer, *Coenagrion caerulescens* ♀, Manosque, Frankreich.

Speer-Azurjungfer

Coenagrion hastulatum (Charpentier 1825)

KENNZEICHEN Die Speer-Azurjungfer ähnelt auf den ersten Blick am meisten der Hufeisen- Azurjungfer. Wenn man beide Arten nebeneinander sieht, fällt allerdings auf, dass die Grundfarbe des *hastulatum*-Männchens etwas mehr ins Grünliche geht. Die Art wird auch häufig mit der Mond-Azurjungfer verwechselt, von der sie sich aber eigentlich schon auf den ersten Blick recht deutlich unterscheidet: Sie ist schlanker und viel heller als diese. Die sichersten Merkmale des Männchens liegen, wie bei den meisten Azurjungfern, in der Zeichnung der vorderen Abdominalsegmente. Das 2. Segment trägt oben meist einen breiten Pfeil (oder Speer) und davor an jeder Seite einen kleinen länglichen Fleck (siehe Abb. S-25, S. 68). Der Stiel des Pfeils kann aber fehlen, sodass die Zeichnung dann sehr an das *lunulatum*-Männchen erinnert. Das 3. Segment trägt oben einen hinten breiten, nach vorn stark verschmälerten Spieß. Der Anteil der geschwärzten Fläche beträgt weniger als 50 % – ein deutlicher Unterschied zu *lunulatum*! Das Weibchen ist in Färbung und Zeichnungsmuster mit dem Weibchen der Hufeisen-Azurjungfer fast identisch. Die Weibchen, die ich bisher gesehen habe, fielen mir allerdings durch eine intensiv leuchtende Grünfärbung auf. Das einzige sichere Merkmal ist aber auch hier die Form des Prothorax: Die beiden Hälften des Hinterrandes bilden miteinander einen stumpfen Winkel. Der Mittellappen ist kaum erkennbar (siehe Abb. S-38, S. 69).

FLUGZEIT Die Flugzeit reicht von Anfang Mai bis Anfang August.

VORKOMMEN Die Speer-Azurjungfer ist eine typische Art der Moorgewässer. Sie fliegt vor allem an flachen, sauren Weihern mit dichten Torfmoos- und Wollgrasbeständen sowie an wiedervernässten, alten Torfstichen. Gelegentlich findet man sie auch in Sandgruben. In Norddeutschland ist die Art weit verbreitet und häufig, im Süden etwas seltener. Sie gilt als gefährdet.

LARVENSTADIUM Die Larve ähnelt sehr der Larve der Hufeisen-Azurjungfer. Der Hinterkopf ist ebenfalls mit Punkten gezeichnet. Die Fühler haben aber nur sechs Glieder, dagegen bei *C. puella* sieben.

Speer-Azurjungfer, *Coenagrion hastulatum* ♂, Ochsenfilz, Deutschland.

Speer-Azurjungfer, *Coenagrion hastulatum* ♀, Wurzacher Ried, Deutschland.

Sibirische Azurjungfer, (früher: Bileks Azurjungfer)

Coenagrion hylas (Trybom 1889)

KENNZEICHEN

Die Sibirische Azurjungfer unterscheidet sich von allen übrigen *Coenagrion*- Arten Mitteleuropas durch einen breiten schwarzen Streifen an den Abdomenseiten bei beiden Geschlechtern. Das 2. Segment des Männchens ist mit einem breiten „U" gezeichnet, das mit den Seitenstreifen verbunden ist. Weibchen und Männchen sind vorwiegend blau gefärbt. Diese Färbung geht am Thorax und den hinteren Abdominalsegmenten mehr ins Grünliche. Auf dem 2. Segment trägt es ein gestieltes schwarzes Dreieck. Es folgen Segmente mit breiten schwarzen Spießflecken.

FLUGZEIT

Von Anfang Juni bis Anfang August.

VORKOMMEN

Die Entdeckung der Sibirischen Azurjungfer am Zwingsee in Oberbayern 1952 durch den Münchner Entomologen A. Bilek war eine Sensation. Doch kurz nach ihrer Entdeckung war diese Population wieder ausgerottet. Auch 1973 in Nordtirol (Heidemann 1974), wurde sie nicht heimisch. 1986 wurde ein neues Vorkommen aus dem Tiroler Lechtal bekannt (Kiauta 1991). Weitere folgten. So könnten die Bestände der in Europa hochgradig gefährdeten Art als einigermaßen gesichert gelten. Fast alle Fundorte befinden sich um kalkhaltige Quelltümpel oder Seen, in die alpine Quellbäche einmünden und an deren flache Ufer Seggen- und Schachtelhalmbestände wachsen. Die Sibirische Azurjungfer sich hält fast nur bei sonnigem Wetter am Gewässer auf. Bereits am frühen Nachmittag fliegt sie in die Wälder und ist dann kaum noch auffindbar.

LARVENSTADIUM

1989 konnte Heiko Bellmann die bis dahin unbekannte Larve dieser Art erstmals nachweisen (siehe Foto S. 85 unten). Sie unterscheidet sich von allen Kleinlibellenlarven durch ihre auch im letzten Stadium extrem schmalen Kiemenblättchen.

Kretische Azurjungfer

Coenagrion intermedium (Lohmann 1990)

KENNZEICHEN

Von den Merkmalen ähnelt diese Art *C. puella*, allerdings berühren sich bei den Männchen die Cerci an der Basis (*puella*: weit auseinander liegend), bei den Weibchen ist das Pronotum artspezifisch geformt.

FLUGZEIT

Ende April bis Mitte August.

VORKOMMEN

Die Art ist endemisch auf Kreta zu finden.

LEBENSWEISE

Die Imagines treten an dauerhaft Wasser führenden Bachläufen niedriger Höhenlage auf. Sie sind auf Baumbestand entlang des Gewässers angewiesen, den sie als Sitzplatz und zur Nahrungssuche nutzen.

Sibirische Azurjungfer, *Coenagrion hylas* ♂, Tiroler Lechtal, Österreich.

Sibirische Azurjungfer, *Coenagrion hylas* ♀, Tiroler Lechtal, Österreich.

Mond-Azurjungfer

Coenagrion lunulatum (Charpentier 1840)

KENNZEICHEN

Das Männchen der Mond-Azurjungfer ist robuster gebaut als die Männchen der anderen *Coenagrion*-Arten (Hufeisen-, Fledermaus- und Speer-Azurjungfer). Die Grundfärbung ist ein kräftig leuchtendes Blau. Das 2. Segment ist mit einem quer liegenden, mondförmigen Fleck und davor auf jeder Seite einem kurzen Streifen gezeichnet (siehe Abb. S-26, S. 68). Die entsprechende Zeichnung kann bei der Speer-Azurjungfer sehr ähnlich ausgebildet sein. Ein sicheres Unterscheidungsmerkmal bietet in solchen Fällen das 3. Segment: Bei der Mond-Azurjungfer ist mindestens die hintere Hälfte in voller Breite schwarz, bei der Speer-Azurjungfer befindet sich hier ein schmal auslaufender, spießförmiger Fleck (Schmidt 1985a). Auch die folgenden Segmente sind bei der Mond-Azurjungfer überwiegend schwarz gefärbt, nur die Segmente 8 und 9 sind blau. Auffallend ist ein schwarzer, glockenförmiger Fleck im hinteren Teil von Segment 8, dessen Restfläche – wie die Grundfarbe – grün oder blau ist. Der Prothorax-Hinterrand ist zweimal eingebuchtet und mitten in einen kräftigen, zungenförmigen Fortsatz ausgezogen (siehe Abb. S-39, S. 69).

FLUGZEIT

Die Art hat nur eine kurze Flugzeit: von Anfang Mai bis Ende Juni.

VORKOMMEN

Die Mond-Azurjungfer lebt vor allem an moorigen, nährstoffarmen Gewässern, aber auch an flachen, pflanzenreichen Weihern. Sie kommt oft zusammen mit der Speer-Azurjungfer vor. Die Art ist selten und bei uns stark gefährdet. Nur in Norddeutschland vor allem in der Lüneburger Heide und im Raum Oldenburg ist sie zu finden. Aus Süddeutschland sind nur wenige aktuelle Vorkommen bekannt.

Nordische Azurjungfer

Coenagrion johannsonii (Wallengren 1894)

KENNZEICHEN

Mit lediglich 27-30mm eine der kleinsten Azurjungfern, wobei beide Geschlechter ähnlich wie die deutlich größere *C. hylas* gefärbt sind.

FLUGZEIT

Ende Mai bis Mitte August

VORKOMMEN

Die Art ist nur in Nordeuropa (Norwegen, Schweden, Finnland, Baltikum) anzutreffen. Ihre östlichsten Vorkommen sind auf Kamtschatka.

LEBENSWEISE

Es besteht eine enge Bindung an gewässerreiche Moore, wo die Tiere oft träge im Bereich des Gewässerrandes sitzen. Die Larval-Entwicklung kann im hohen Norden bis zu vier Jahre dauern.

Mond-Azurjungfer, *Coenagrion lunulatum* ♂, Thayngen, Schweiz.

Mond-Azurjungfer, *Coenagrion lunulatum* ♀, Thayngen, Schweiz.

Helm-Azurjungfer

Coenagrion mercuriale (Charpentier 1840)

KENNZEICHEN Das Männchen der Helm-Azurjungfer hat wie die Mond-Azurjungfer eine etwas untersetzte Statur. Das 2. Segment trägt eine schwer zu beschreibende, aber sehr markante Zeichnung, die als „Merkur-Helm" bezeichnet wird (siehe Abb. S-27, S. 68). Die beiden folgenden Segmente sind mit schmalen, spießförmigen Flecken gezeichnet. Das Weibchen ist schwer von den anderen Azurjungfer-Arten zu unterscheiden. Sein Prothorax ist hinten ganz gerade abgestutzt und trägt in der Mitte einen winzigen, kaum sichtbaren Fortsatz (siehe Abb. S-40, S. 69).

FLUGZEIT Die Flugzeit beginnt Ende Mai und erstreckt sich bis in den August.

VORKOMMEN Im Gegensatz zu fast allen anderen Coenagrion-Arten ist die Helm-Azurjungfer eine reine Fließwasser-Art. Sie kommt vor allem an sauberen, schmalen Quellbächen vor und wird oft vom Kleinen Blaupfeil, Orthetrum coerulescens, begleitet. Durch Verunreinigung, aber auch durch Begradigung oder gar Verrohrung derartiger Quellbäche ist die Art bei uns sehr selten geworden. Aus vielen Gegenden ist sie ganz verschwunden. Gute Vorkommen existieren noch im Alpenvorland und im Oberrheingebiet. In Deutschland ist die Art mittlerweile vom Aussterben bedroht. Im Mittelmeergebiet zählt sie dagegen immer noch zu den häufigen Arten.

LARVENSTADIUM Die Larve (siehe Foto S. 85 oben) ist durch ihre auffallend kleinen Kiemenblättchen leicht von allen anderen Kleinlibellenlarven zu unterscheiden. Nur die Larven der Vogel-Azurjungfer sind sehr ähnlich. Allerdings können Larven anderer Arten mit verloren gegangenen und später regenerierten Kiemenblättchen ähnlich aussehen. Sie überwintert im Allgemeinen im vorletzten Stadium.

LEBENSWEISE Zur Eiablage wählen die Paare bevorzugt die Stängel der Berle (*Sium erectum*), die an den Fundorten der Helm-Azurjungfer meist dichte Bestände bildet. Das Weibchen taucht bei der Eiablage oft ins Wasser hinab. Das Männchen dagegen bleibt mit seinem vorderen Körperabschnitt meist im Trockenen.

Helm-Azurjungfer, *Coenagrion mercuriale* ♂, Memmingen, Deutschland.

Helm-Azurjungfer, *Coenagrion mercuriale* ♀, Mas Thibert, Frankreich.

Vogel-Azurjungfer

Coenagrion ornatum (Selys 1850)

KENNZEICHEN

Das Männchen der Vogel-Azurjungfer ähnelt dem der Hufeisen-Azurjungfer. Es ist aber intensiver blau gefärbt und etwas kräftiger. Die Zeichnung auf dem 2. Segment ist ein kantiges „U", das unten gestielt ist und in Fortsetzung dieses Stiels nach vorn eine mittlere Spitze trägt (siehe Abb. S-28, S. 68). Es fällt mir allerdings schwer, darin, wie im Namen zum Ausdruck gebracht, das Bild eines fliegenden Vogels zu erkennen. Die folgenden Segmente sind, wie bei der Helm-Azurjungfer, mit spießförmigen Flecken gezeichnet. Das auffallend kräftige Weibchen ist meistens blaugrün gefärbt. Die dunkle Zeichnung auf dem Abdomen ist viel weniger ausgedehnt als bei den anderen Arten der Gattung *Coenagrion*. Sie besteht auf den Segmenten 3 und 4 aus etwa spießförmigen, dahinter aus dreispitzigen Flecken, die jeweils fast die Hälfte der Segmentfläche freilassen.

FLUGZEIT

Die Flugzeit ist sehr kurz: Sie beginnt Ende Mai und geht Anfang Juli zu Ende.

VORKOMMEN

Wie die Helm-Azurjungfer kommt die Vogel-Azurjungfer nur an Fließgewässern vor. Sie bevorzugt wie diese Bäche mit reichen Beständen der Berle (Sium erectum). Beide Arten kommen daher gelegentlich zusammen vor, allerdings ist die Vogel-Azurjungfer noch wesentlich seltener. Sichere Vorkommen sind augenblicklich nur von wenigen Orten aus Ostwestfalen, aus der Pfalz, aus Baden-Württemberg und aus Bayern bekannt. Bei den übrigen Funden handelt es sich um ganz sporadische Einzelnachweise. Die Art ist daher bei uns vom Aussterben bedroht. Außerhalb Deutschlands kommt sie in Südosteuropa vor, ist aber anscheinend überall selten.

LARVENSTADIUM

Die Larve ähnelt sehr derjenigen der Helm-Azurjungfer, trägt aber auf dem Hinterkopf zahlreiche dunkle Punkte, wie die Larve der Hufeisen-Azurjungfer.

Vogel-Azurjungfer, *Coenagrion ornatum* ♂, Freckenfeld, Deutschland.

Vogel-Azurjungfer, *Coenagrion ornatum* ♀, Freckenfeld, Deutschland.

Hufeisen-Azurjungfer

Coenagrion puella (Linnaeus 1758)

KENNZEICHEN

Das Männchen der Hufeisen-Azurjungfer ist etwas schlanker als das Männchen der Becher-Azurjungfer, *Enallagma cyathigerum*, das Blau ein wenig heller gefärbt. Das 2. Segment trägt eine schwarze Zeichnung in Form eines „U" oder Hufeisens (siehe Abb. S-23, S. 68). Der Vorderrand dieses Zeichens ist rund ausgeschnitten, der Hinterrand in winklige Ecken ausgezogen. Die folgenden drei Segmente sind etwa im hinteren Fünftel schwarz und tragen davor an den Seiten meistens schmale schwarze Streifen. Das Weibchen ist grünlich, selten blau gefärbt und hat, wie die meisten Weibchen der Azurjungfern, ein oben fast durchgehend schwarzes Abdomen. Der Hinterrand des Prothorax ist zweimal leicht eingebuchtet und in der Mitte in eine schwache Spitze ausgezogen (siehe Abb. S-36, S. 69).

FLUGZEIT

Die Flugzeit beginnt Anfang Mai und endet im August/September.

VORKOMMEN

Die Hufeisen-Azurjungfer ist neben der Großen Pechlibelle unsere häufigste Kleinlibelle. Sie bevorzugt kleinere stehende Gewässer, kommt aber auch an größeren Seen vor. An fließenden Gewässern ist sie dagegen nur selten anzutreffen.

LARVENSTADIUM

Die Larve der Hufeisen-Azurjungfer (siehe Foto S. 87 oben) hat schmale, etwas zugespitzte Kiemenblättchen. Ihr Kopf ist hinten mit regelmäßig verteilten, dunklen Punkten gezeichnet. Sie überwintert in einem der letzten Stadien.

LEBENSWEISE

Von dieser Art sieht man oft viele Paare gleichzeitig bei der Eiablage. Die Weibchen setzen sich meist auf im Wasser schwimmende, abgestorbene Pflanzenteile oder auf Wasserpflanzen, die bis zur Wasseroberfläche reichen. Das Männchen bleibt mit seinen Hinterleibsanhängen am Prothorax des Weibchens verankert und steht mit angezogenen Beinen steif aufrecht über der Partnerin („*Coenagrion*-Typ" der Eiablage). Manchmal legen zehn und mehr Paare auf dem gleichen Pflanzenstängel ihre Eier ab.

Hufeisen-Azurjungfer, *Coenagrion puella* ♂.

Hufeisen-Azurjungfer, *Coenagrion puella* ♀, Winkeldorf, Deutschland.

Fledermaus-Azurjungfer

Coenagrion pulchellum (Vander Linden 1825)

KENNZEICHEN Das Männchen der Fledermaus-Azurjungfer ist ungewöhnlich schlank: Sein Abdomen hat in der Mitte eine Breite von gerade einem halben Millimeter! Es ähnelt etwas dem Männchen der Hufeisen-Azurjungfer, hat aber eine satter blaue Grundfärbung und weiter ausgedehnte schwarze Zeichnungen. Das 2. Segment trägt meist eine Zeichnung in Form eines breit gestielten Pokals mit zwei oder drei Fortsätzen (siehe Abb. S-24, S. 68). Bei etwas gutem Willen erinnert sie an eine Fledermaus (Name!). Das Zeichen kann aber auch, wie bei der Hufeisen-Azurjungfer, zu einem „U" reduziert sein, oder fast die ganze Fläche des Segments einnehmen. Die nachfolgenden Segmente sind im Allgemeinen in den hinteren zwei Dritteln schwarz mit drei nach vorn gerichteten, spitzen Fortsätzen. Auch hier unterliegt aber die Ausdehnung der Zeichnung starken Schwankungen. Das im Vergleich zum Männchen auffallend kräftige Weibchen ist ebenfalls sehr variabel. Die Grundfärbung ist grünlich oder blau. Meist tragen die Segmente 3 bis 6 ähnliche Zeichnungen wie beim Männchen, nur sind die Spitzen kürzer. Es gibt auch Weibchen mit oberseits fast einfarbig schwarzem Abdomen. Ein sehr viel zuverlässigeres Merkmal ist die Form des Pronotums: Dieses ist am Hinterrand zweimal tief eingebuchtet und in der Mitte in einen kräftigen, spitzen Zahn ausgezogen (siehe Abb. S-37, S. 69).

FLUGZEIT Die Art fliegt von April bis September, mit Schwerpunkt im Mai und Juni.

VORKOMMEN Die Fledermaus-Azurjungfer ist etwas anspruchsvoller als die Hufeisen-Azurjungfer. Die Art bewohnt vorzugsweise Teiche und Altwasser mit reicher Vegetation, vor allem Schwimmblattpflanzen. Sie ist bei uns weit verbreitet, gebietsweise aber deutlich zurückgegangen. Sie gilt nach der Roten Liste als gefährdet.

LARVENSTADIUM Die Kiemenblättchen der Larve können sehr unterschiedlich geformt sein: breit und stumpf oder schmal und zugespitzt. Die Kopfzeichnung entspricht *der C. puella*-Larve. Die Larven der beiden Arten sind oft nicht eindeutig zu unterscheiden.

LEBENSWEISE Zur Eiablage wählt das Paar gern Schwimmblätter aus. Das Weibchen biegt sein Abdomen um den Blattrand herum zur Blattunterseite oder schiebt es durch ein von Käfern hervorgerufenes Fraßloch. Im letzteren Fall dreht es sich um das Loch im Blatt, sodass die Eier dann in kreisförmigen Gelegen angeordnet werden. Das Männchen steht dabei über der Partnerin wie bei der Hufeisen-Azurjungfer.

Fledermaus-Azurjungfer, *Coenagrion pulchellum* ♂.

Fledermaus-Azurjungfer, *Coenagrion pulchellum* ♀, Bremen, Deutschland.

Gabel-Azurjungfer

Coenagrion scitulum (Rambur 1842)

KENNZEICHEN

Die Gabel-Azurjungfer ist durchschnittlich etwas kleiner und zierlicher als die übrigen *Coenagrion*-Arten. Das hellblau gefärbte Männchen trägt auf dem 2. Abdominalsegment eine Zeichnung, die an einen gestielten, seitlich in zwei deutliche Spitzen verlängerten Becher erinnert (siehe Abb. S-31, S. 68). Auch in der Mitte ist dieser Becher in der Regel deutlich gezähnt. Die drei folgenden Segmente sind in der hinteren Hälfte schwarz, die Segmente 6 und 7 fast vollständig. Die beiden oberen Hinterleibsanhänge sind etwa halb so lang wie das 10. Segment und besitzen einen stark nach innen gebogenen Apikalzahn (siehe Abb. S-32, S. 68). Das im Allgemeinen ebenfalls hellblau gefärbte Weibchen ähnelt in der Hinterleibszeichnung den meisten übrigen Arten der Gattung *Coenagrion*. Es ist am besten durch die Form seines Pronotum-Hinterrands gekennzeichnet: Dieser ist in der Mitte in einen deutlichen Zipfel ausgezogen und seitlich davon jeweils eingebuchtet (siehe Abb. S-43, S. 69), tiefer als bei der Hufeisen-Azurjungfer, nicht jedoch so tief wie bei der Fledermaus-Azurjungfer.

FLUGZEIT

Die Flugzeit liegt zwischen Mai und September.

VORKOMMEN

Die Gabel-Azurjungfer kommt fast im gesamten Mittelmeerraum vor, ist aber anscheinend überall ziemlich selten. In Deutschland tritt die Art nur ganz sporadisch als Vermehrungsgast auf, so z.B. in der Oberrheinischen Tiefebene, in Bayern und in Nordrhein-Westfalen. Viele der meist älteren Fundangaben sind mit großer Skepsis zu betrachten, da diese Libelle häufig mit anderen Coenagrion-Arten verwechselt wurde. Die Gabel-Azurjungfer kommt anscheinend vorzugsweise (ausschließlich?) an stehenden, meist kleineren Gewässern vor. Aus Südfrankreich gemeldete Funde von Fließgewässern erwiesen sich bei näherer Untersuchung immer wieder als Verwechslungen mit der Blauen Azurjungfer, Coenagrion caerulescens (siehe S. 176). Ich konnte sie in Istrien und auf der Insel Cres (Kroatien) mehrfach an kleinen, pflanzenreichen Tümpeln beobachten, die z. T. sehr isoliert in recht trockener Umgebung lagen und teilweise als Viehtränke dienten

Gabel-Azurjungfer, *Coenagrion scitulum* ♂, Rovinj, Kroatien.

Gabel-Azurjungfer, *Coenagrion scitulum* ♀, Rovinj, Kroatien.

Gemeine Becherjungfer, (früher: Becher-Azurjungfer)

Enallagma cyathigerum (Charpentier 1840)

KENNZEICHEN Das Männchen der Gemeinen Becherjungfer hat, wie viele Schlanklibellen, eine leuchtend blaue Grundfärbung mit wenig ausgedehnter schwarzer Zeichnung. Das 2. Segment trägt einen kleinen schwarzen Fleck in der Form eines Knopfes oder gestielten Bechers. Die folgenden drei Segmente besitzen ähnliche Zeichnungen, die aber etwas größer sind und an den Segmentseiten nach unten herunterreichen. Die Segmente 6, 7 und 10 sind oben überwiegend schwarz, die Elemente 8 und 9 sind einfarbig blau. Das Weibchen besitzt eine bräunliche, grünliche oder blaue Grundfärbung. Seine Abdominalsegmente tragen auf der Oberseite schwarze, bronzeglänzende Zeichnungen in Form hinten breiter, vorn zugespitzter Lanzetten. Vor dem Legebohrer ist (wie bei den *Ischnura*-Arten) ein abstehender Dorn zu erkennen (siehe Abb. S-21, S 67), der den Weibchen der *Coenagrion*-Arten fehlt.

FLUGZEIT Die Flugzeit beginnt Mitte Mai und erstreckt sich bis in den September.

VORKOMMEN Die Gemeine Becherjungfer lebt vorzugsweise an größeren stehenden Gewässern wie Seen und Teichen, seltener an Gräben und langsam fließenden Bächen. Sie ist bei uns überall recht häufig.

LARVENSTADIUM Die Larve (siehe Foto S 86 oben) wirkt auffallend transparent. Die Kiemenblättchen sind breit, hinten zugespitzt und oft mit schwachen dunklen Querstreifen in der Spitzenhälfte gezeichnet. Die Schenkelringe sind schwächer als bei der Großen Pechlibelle, *Ischnura elegans*, aber im Allgemeinen gut sichtbar. Charakteristisch ist eine Nebenborste bei der letzten Fanghakenborste (siehe Abb. L-25, S. 68) Die Überwinterung erfolgt im vorletzten oder in einem jüngeren Stadium.

LEBENSWEISE Die Männchen setzen sich gern an senkrecht aus dem Wasser ragende Pflanzenstängel und nehmen dabei eine fast rechtwinklig von der Pflanze abstehende Stellung ein. An dieser charakteristischen Körperhaltung sind *Enallagma*-Männchen oft schon aus großer Entfernung zu erkennen. Die Eiablage erfolgt in schwimmende Pflanzenteile. Dabei steht das Männchen nach dem „*Coenagrion*-Typ" über dem Weibchen oder in Stängel, die aus dem Wasser ragen – nach dem *Lestes*-Typ. Manchmal geht das Weibchen auch unter Wasser, dann fliegt das Männchen beim Eintauchen davon.

Gemeine Becherjungfer, *Enallagma cyathigerum* ♂.

Gemeine Becherjungfer, *Enallagma cyathigerum*, Tandem mit blauem ♀, Ostertimke, Deutschland.

Saphirauge, (früher: Pokal-Azurjungfer)

Erythromma lindenii (= *Cercion lindenii*) (Sélys 1840)

KENNZEICHEN

Das Männchen des Saphirauges ist hellblau gefärbt. Anders als bei den Männchen der Gattung *Coenagrion* besitzen die oberen Anhänge innen einen kurzen spitzen Seitenzahn. Das 2. Segment wird von einem schwarzen Längsstreifen durchzogen, der kurz vor dem Hinterende deutlich erweitert ist (siehe Abb. S-35, S. 68). Die nachfolgenden Segmente sind mit schmalen Lanzettflecken gezeichnet, die nicht ganz bis zum vorderen Segmentrand reichen. Die Augen sind beim Männchen dieser Art auffallend dunkelblau. Das Weibchen erinnert mit seiner ausgedehnten schwarzen Zeichnung auf dem Abdomenrücken sehr an die *Coenagrion*-Weibchen. Es hat aber eine markante Färbung: Thorax, Abdomenbasis und Abdomenspitze sind hellgrün, die Seiten der Segmente 4 bis 6 dagegen hellblau. Der Hinterrand des Pronotums ist nur ganz schwach zweimal eingebuchtet, mit einem flachen runden Mittellappen (siehe Abb. S-45, S. 69).

FLUGZEIT

Die Flugzeit beginnt erst im Juni/Juli und endet Anfang September.

VORKOMMEN

Das Saphirauge lebt meist an vegetationsarmen Seen und Teichen, auch an langsam fließenden Bächen. Offenbar stellen Baggerseen für diese Art den optimalen Gewässertyp dar. Die früher bei uns ausgesprochen seltene, westmediterrane Libelle hat sich durch den immer weiter um sich greifenden Kiesabbau stark ausgebreitet. Während sie vor 50 Jahren z. B. in Süddeutschland nur am Oberrhein – und dort sehr selten – vorkam, gehört sie heute auch in vielen anderen süddeutschen Flusstälern zu den häufigsten Libellen. Weitere Vorkommen sind entlang des Niederrheins bekannt. Sie lebt oft zusammen mit der Westlichen Keiljungfer, Gomphus pulchellus, einer Art mit ganz ähnlichen ökologischen Ansprüchen und gleichartigen Ausbreitungstendenzen

LARVENSTADIUM

Die Larve (siehe Foto S. 86 unten) besitzt breite, am Apex stumpf abgerundete Kiemenblättchen. Ähnlich den übrigen Larven der Gattung *Erythromma* (Großes und Kleines Granatauge) hat sie an der Ventralseite des 1. Abdominalsegments eine Querreihe steifer Borsten.

LEBENSWEISE

Die Eiablage erfolgt nach dem „*Coenagrion*-Typ" meist in Wasserpflanzen, die sich nahe an der Wasseroberfläche befinden. Das Weibchen taucht dabei auch gelegentlich ins Wasser hinab. Sobald das Männchen ebenfalls einzutauchen beginnt, fliegt es auf und erwartet das Auftauchen des Männchens.

Saphirauge, *Erythromma lindenii* ♂.

Saphirauge, *Erythromma lindenii* ♀, Svetvincenat, Kroatien.

Großes Granatauge

Erythromma najas (Hansemann 1823)

KENNZEICHEN

Das Männchen des Großen Granatauges ist durch seine leuchtend braunroten Augen und der hellblauen Grundfärbung sehr auffällig. Der Thorax ist oben dunkelbraun mit einemdeutlichen Kupferglanz. Die für fast alle Azurjungfern typischen hellen Antehumeralstreifen fehlen. Das Abdomen ist oben schwarz, nur dieSegmente 9 und 10 sind leuchtend hellblau. Das Weibchen sieht einem *Coenagrion*-Weibchen ähnlich, hat aber zwischen den Augen keine hellenFlecke. Im Gegensatz zum Männchen sind beim Weibchen schmale, hintenunterbrochene Antehumeralstreifen ausgebildet. Von der nächstverwandten Art lässt es sich nur durch die Form des Prothorax sicher trennen:Dieser ist am Hinterrand zweimal tief eingebuchtet und mitten in einen dreieckigen Zipfel ausgezogen (siehe S-17, S. 67)

FLUGZEIT

Von Mai bis August.

VORKOMMEN

Das Große Granatauge fliegt fast nur an Seen und Teichen mit gut entwickelter Schwimmblattvegetation. An Altwasserarmen, die mit den großflächigen Blättern der Gelben Teichrose (Nuphar luteum) bedeckt sind, fehlt sie fast nie. Sie wird aber in der Vorwarnliste geführt.

LARVENSTADIUM

Die Larve (siehe Foto S. 84 oben) ist größer als alle anderen Schlanklibellenlarven. Die Kiemenblättchen sind breit, hinten stumpf abgerundet und meist dunkel quer gebändert.Die Larve ist sehr flink und lebhaft. Sie schwimmt mit schnellen, schlängelnden Bewegungen des Hinterleibs. Überwinterung meist im letzten Stadium.

LEBENSWEISE

Die Art ist scheu und daher nicht leicht zu beobachten. Die Männchen setzen sich meist entfernt vom Ufer auf Teichrosenblätter. Zur Eiablage wählt das Paar bevorzugt die Schwimmblattunterseiten und Blütenstängel dieser Pflanze. Oft tauchen beide Partner ganz unter.

Großes Granatauge, *Erythromma* najas ♂, Rotenburg, Deutschland.

Großes Granatauge, *Erythromma najas* ♀, Rotenburg, Deutschland.

Kleines Granatauge

Erythromma viridulum (Charpentier 1840)

KENNZEICHEN

Beide Geschlechter des Kleinen Granatauges sind nicht leicht von der vorangegangenen Art zu unterscheiden. Die Größenunterschiede (30 mm Körperlänge beim Kleinen, 35 mm beim Großen Granatauge) fallen nicht auf. Das Männchen besitzt oben auf dem 10 Segment eine quer liegende x-förmige Zeichnung (siehe Abb. S-18, S. 67), die beim Großen Granatauge fehlt. Die Seiten der Segmente 2 und 8 sind blau. Der vordere und der hintere Abschnitt des Abdomens sind beim Weibchen blaugrün, die Segmente 4 bis 88außen gelbgrün. Der Hinterrand des Prothorax ist ohne deutliche Einbuchtungen nach hinten winklig vorgezogen

FLUGZEIT

Die Flugzeit beginnt im Juni und geht bis in den September

VORKOMMEN

Das Kleine Granatauge stellt ganz ähnliche Ansprüche wie das Große Granatauge. Es ist als mediterrane Art aber stärker von der Temperatur abhängig hat sich aber in letzter Zeit deutlich nach Norden ausgebreitet und ist inzwischen dort fast überall deutlich häufiger als ihre größere Verwandte. Es neigt mehr als das Große Granatauge dazu, auch Sekundärbiotope wie Baggerseen zu besiedeln.

LEBENSWEISE

Diese Art sitzt gern auf den Schwimmblättern der Teichrose, aber auch auf anderen, nur wenig über den Wasserspiegel hinausragenden Wasserpflanzen. Die Eiablage erfolgt am häufigsten in Tausendblatt (*Myriophyllum*) oder Laichkräuter (*Potamogeton*).

Kleines Granatauge, *Erythromma viridulum* ♂, Rußheim, Deutschland.

Kleines Granatauge, *Erythromma viridulum* ♀, Salin des Badon, Frankreich.

Große Pechlibelle

Ischnura elegans (Vander Linden 1820)

KENNZEICHEN Das Männchen der Großen Pechlibelle besitzt an Thorax, Abdomenbasis und Abdomenspitze eine hellblaue Grundfärbung. Die Segmente 3 bis 6 sind unten gelblich gefärbt. Auf der Oberseite sind mit Ausnahme des 8. alle Hinterleibssegmente schwarz. Dadurch erhält diese Libellenart ein auffallendes blaues „Schlusslicht". Ein weiteres markantes Merkmal ist das zweifarbige Flügelmal (innen schwarz, außen weiß). Weibchen sind unterschiedlich gefärbt. Junge Exemplare haben oft einen rosafarbenen oder blauvioletten Thorax. Ausgefärbte Weibchen gleichen den Männchen oder sind heller oder dunkler bräunlich gefärbt. Das „Schlusslicht" ist blau oder bräunlich. Mit einer Körperlänge von gut 30 mm entspricht die Art den meisten übrigen Schlanklibellen.

FLUGZEIT Die Flugzeit erstreckt sich über fünf Monate: von Anfang Mai bis Ende September.

VORKOMMEN Die Große Pechlibelle ist eine unserer häufigsten Libellenarten. Man findet sie an fast allen von Libellen bewohnten Gewässern. Ausnahme sind z.B. stark saure Hochmoortümpel und rauschender Bergbäche.

LEBENSWEISE Die Art unterscheidet sich (zusammen mit der Kleinen Pechlibelle, *Ischnura pumilio*) im Eiablageverhalten deutlich von den übrigen Schlanklibellen: Das Weibchen legt die Eier stets ohne Begleitung des Männchens in Wasserpflanzen oder auf dem Wasser treibende Pflanzenteile (siehe Foto S. 23 rechts). Gelegentlich taucht es dabei unter die Wasseroberfläche hinab. Die Weibchen kommen meist erst gegen Abend an die Gewässer kommen und suchen versteckte Stellen auf, um möglichst wenig von den Männchen belästigt zu werden.

Oasen-Pechlibelle

Ischnura fountaineae (Morton 1905)

KENNZEICHEN Männchen dieser 27-34 mm großen Art an Brust und Hinterleibsbasis hellblau, Weibchen zuerst orange und ausgefärbt bräunlich-grün gezeichnet.

FLUGZEIT In den Oasen der Wüsten Afrikas und Vorderasiens ganzjährig.

VORKOMMEN Die von Nordost-Afrika bis in die Wüsten Zentralasiens verbreitete Art ist in Europa nur auf den Inseln Lampedusa und Pantelleria ansässig.

LEBENSWEISE Direkt neben dem Flughafen von Pantelleria fliegt und entwickelt sich *I. fountaineae* am Lago di Venere (salzhaltiger Kratersee). Die hitzetolerante Art ist noch bei bis zu 39,6 °C und 12% rel. Luftfeuchte aktiv.

Große Pechlibelle, *Ischnura elegans*, Paarungsrad, Reisensburg, Deutschland.

Große Pechlibelle, *Ischnura elegans* ♀, Ludwigsfeld, Deutschland.

Kleine Pechlibelle

Ischnura pumilio (Charpentier 1825)

KENNZEICHEN Die Kleine Pechlibelle ist mit 25–30 mm Körperlänge nach der Zwerglibelle unsere kleinste Libellenart. Das Männchen ähnelt sehr *I. elegans*. Das „blaue Schlusslicht" liegt bei der Kleinen Pechlibelle aber nicht im 8., sondern im 9. und im Enddrittel des 8. Segments. Der blaue Fleck ist oft mit zwei schwarzen Punkten oder auch ausgedehnter schwarz gezeichnet. Die Färbung ist weniger intensiv als bei der Großen Pechlibelle und oft ins Grünliche gehend. Das Weibchen unterscheidet sich deutlich von der anderen Art. Thorax und Abdomenbasis sind leuchtend orange gefärbt (Foto unten). Nach einigen Tagen verfärbt sich der Körper dann in ein unscheinbares Graugrün. Ein „Schlusslicht" fehlt dem Weibchen immer. Gelegentlich treten melanistische Weibchen auf, bei denen nahezu der gesamte Körper schwarz gefärbt ist, nur die Unterseite ist hellgrau.

FLUGZEIT Die Flugzeit reicht von Mai/Juni bis September. Die Art bringt offenbar zwei Generationen im Jahr hervor, denn auch im August sind regelmäßig Weibchen in der typischen orangefarbenen Jugendfärbung zu finden.

VORKOMMEN Die Kleine Pechlibelle ist – im Gegensatz zur Großen Pechlibelle – ein ausgesprochener Spezialist. Sie besiedelt vorzugsweise vegetationsarme Lehmtümpel, wassergefüllte Fahrspuren und Überschwemmungsgewässer. Durch ihre speziellen Ansprüche ist sie zu einer typischen „Kiesgrubenlibelle" geworden. Da aber heute selbst Kiesgrubengewässer mit Fischen besetzt oder mit Müll zugeschüttet werden, ist diese Art bei uns gefährdet.

LARVENSTADIUM Die Larve (siehe Foto S. 88) ähnelt der *elegans*-Larve.

Spanische Pechlibelle

Coenagrion intermedium (Rambur 1842)

KENNZEICHEN Äußerst färbungs- und größenvariabel und von den Merkmalen *I. elegans* ähnlich ist die in mehreren Generationen auftretende Art. Sie erreicht 26–31 mm Körperlänge. Weibchen treten in drei Farbformen (blau, braun, ockerfarben) auf und bilden mit *elegans*-Männchen fruchtbare Hybride.

FLUGZEIT Mitte März bis Mitte November.

VORKOMMEN *I. graellsii* ist ein Endemit der Iberischen Halbinsel und des Maghreb.

LEBENSWEISE Es werden die gleichen Gewässertypen und Habitate wie von *I. genei* besiedelt, also auch temporäre und Brackwasser-Biotope.

Kleine Pechlibelle, *Ischnura pumilio* ♂, Witzighausen, Deutschland.

Kleine Pechlibelle, *Ischnura pumilio* ♀, Schmiecher See, Deutschland.

Zwerglibelle

Nehalennia speciosa (Charpentier 1840)

KENNZEICHEN
Mit nur 20–25 mm Körperlänge und ca. 25 mm Flügelspannweite ist die Zwerglibelle die kleinste europäische Libelle. Sie ist zudem ausgesprochen zierlich gebaut. Das Männchen ist hellblau gefärbt und auf der Oberseite metallisch grün wie eine Teichjungfer. Nur die Abdomenspitze ist ab der Mitte des 8. Segments oben blau. Das Pterostigma ist hellbraun. Die Beine sind weiß mit schwach entwickelter, dunkler Zeichnung. Das Weibchen gleicht mit Ausnahme des etwas kräftigeren Abdomens meist fast völlig dem Männchen. Daneben tritt eine gelbliche Färbungsvariante des Weibchens auf, die an das unausgefärbte Weibchen der Kleinen Pechlibelle erinnert (siehe Foto unten).

FLUGZEIT
Die Flugzeit beginnt Mitte Mai und endet meist im August.

VORKOMMEN
Der typische Lebensraum der Zwerglibelle sind flache, nicht zu saure Moorschlenken mit lockerer Vegetation aus Wollgras (Eriophorum angustifolium), Schlammsegge (Carex limosa) und Fieberklee (Menyanthes trifoliata). In geeigneten Gebieten kann sie recht häufig vorkommen, wird aber wegen ihrer geringen Größe leicht übersehen. Hinzu kommt, dass sie wenig flugfreudig ist. Der Verbreitungsschwerpunkt dieser Art liegt in den Mooren des bayerischen Alpenvorlands und in Oberschwaben. Nördlich davon sind Funde aus dem Bayerischen Wald und aus Niedersachsen bekannt. Wegen ihrer hohen Ansprüche ist die Zwerglibelle bei uns stark gefährdet.

LARVENSTADIUM
Die Larve (siehe Foto S 84 unten) ist schon durch ihre geringe Größe zu erkennen (ohne Kiemenblättchen unter 13 mm). Die Kiemenblättchen sind hinten abgerundet, aber mit einer aufgesetzten Spitze ausgestattet.

Zwerglibelle, *Nehalennia speciosa* ♂, Haspelmoor, Deutschland.

Zwerglibelle, *Nehalennia* speciosa, Paarung mit gelblichem ♀, Haspelmoor, Deutschland.

Balkan-Adonislibelle

Pyrrhosoma elisbethae (Schmidt 1948)

KENNZEICHEN Diese lange als Unterart von *P. nymphula* geführte Art kann nur in der Hand mit einer Lupe sicher unterschieden werden. Die Cerci der Männchen weisen einen relativ kurzen hakenförmigen Fortsatz auf (*nymphula*: doppelt so lang), Weibchen beider Arten divergieren in der Form des Pronotum-Hinterrandes.

FLUGZEIT April bis Mitte Juni.

VORKOMMEN Die zu den seltensten europäischen Libellen gehörende Art ist nur von wenigen Fundorten in Süd-Albanien, der Insel Korfu, Nordwest-Griechenland und dem Peloponnes bekannt.

LEBENSWEISE Die bisher entdeckten Habitate weisen stets fließendes Gewässer und begleitende Vegetation auf. Dort sitzen die Männchen in Sonnenflecken und warten auf paarungsbereite Weibchen.

Frühe Adonislibelle

Pyrrhosoma nymphula (Sulzer 1776)

KENNZEICHEN Bei der Frühen Adonislibelle dominieren rote Färbungen: Die obere Hälfte der Augen, ein Längsstreifen auf dem Thorax und das Abdomen sind leuchtend blutrot. Beim Männchen ist das Abdomen ab dem 7. Segment oben schwarz gezeichnet, beim Weibchen auch davor. Die Beine sind einfarbig schwarz.

FLUGZEIT Früh, schon ab Ende April bis in den August.

VORKOMMEN Die Art bevorzugt pflanzenreiche Kleingewässer. Sie kommt häufig an Moortümpeln, kleinen Weihern, aber auch an langsam fließenden Gräben und Bächen vor.

LEBENSWEISE Bei der Eiablage wählt das Paar zur Eiablage unterschiedlichste Substrate aus: An der Wasseroberfläche treibende Pflanzenteile werden ebenso angenommen wie untergetauchte Wasserpflanzen oder vertikal aufragende Pflanzenstängel. Dabei kann die Eiablage nach dem „*Sympecma*-Typ" – das Paar sitzt hintereinander auf horizontaler Unterlage –, nach dem „*Lestes*-Typ" –, das Paar sitzt übereinander auf vertikaler Unterlage –, nach dem „*Coenagrion*-Typ" –, das Männchen steht senkrecht auf dem horizontal orientierten Weibchen –oder nach einem Übergangs-Typ –, das Männchen sitzt auf einer vertikalen, das Weibchen auf einer horizontalen Unterlage – erfolgen.

Frühe Adonislibelle, *Pyrrhosoma nymphula* ♂, Oberfahlheim, Deutschland.

Frühe Adonislibelle, *Pyrrhosoma* nymphula ♀, Rotenburg, Deutschland.

Südliche Mosaikjungfer

Aeshna affinis (Vander Linden 1820)

KENNZEICHEN

Die Südliche Mosaikjungfer ähnelt der Herbst-Mosaikjungfer, der sie inder Größe gleicht. Der Thorax ist aber nur oben braun. Die Seiten sind grün mit schmalen schwarzen Streifen. Das Männchen der Südlichen Mosaikjungfer hat strahlend blaue Augen, die Augen des Männchens der Herbst-Mosaikjungfer sind hingegen graublau. Die blauen Flecken sind deutlich größer, farbintensiver und reichen nach vorn bis zur Hinterflügelbasis. Das Weibchen hat ein hellbraunes, gelb geflecktes Abdomen mit sehr sparsamer schwarzer Zeichnung, vor allem auf den Segmenten 7 bis 10. Auch bei dieser Art kommt eine blau gefleckte Weibchenvariante vor.

FLUGZEIT

Die Flugzeit liegt zwischen Anfang Juli und Anfang September, in Südeuropa beginnt sie schon im Mai.

VORKOMMEN

Die Südliche Mosaikjungfer ist eine typische Art des Mittelmeergebiets und dort weit verbreitet. Sie lebt mehr an Sümpfen und dicht bewachsenen Gräben, weniger an offenen Gewässern. In manchen Jahren erscheint sie als Wanderlibelle in Süddeutschlandneuerdings auch in Norddeutschland und wird gelegentlich für einige Jahre bodenständig. In ungünstigen Jahren stirbt sie aber immer wieder aus.

LEBENSWEISE

Die Eiablage geschieht offenbar immer in Begleitung des Männchens. Bei den übrigen Edellibellen ist ein derartiges Verhalten nur von der Kleinen Königslibelle, *Anax parthenope*, und der Schabrackenlibelle, *Anax ephippiger*, bekannt. Das Paar sitzt wie beim „Lestes-Typ“ der Kleinlibellen (siehe Foto S. 23 links, Gemeine Binsenjungfer), übereinander an einem senkrechten Pflanzenstängel, oder das Weibchen sitzt auf einer horizontalen Unterlage.

Südliche Mosaikjungfer, *Aeshna affinis* ♂, Hortobagy, Ungarn.

Südliche Mosaikjungfer, *Aeshna affinis* ♀, Hortobagy, Ungarn.

Alpen-Mosaikjungfer

Aeshna caerulea (Ström 1783)

KENNZEICHEN Die Alpen-Mosaikjungfer ist mit 60–65 mm Körperlänge eine sehr kleine Edellibelle. Die Augen berühren sich in der Kopfmitte auf einer kurzen Strecke. Das Männchen hat einen graubraunen Thorax mit kleinen gelblichen Antehumeralstreifen und zwei schmalen hellblauen Seitenstreifen. Das schwarze Abdomen trägt ausgedehnte hellblaue Flecken. Augen leuchtend blau. Weibchen mit gelb-braun gechecktem Abdomen. Wichtiges Unterscheidungsmerkmal: Die gelbe Zeichnung an den Abdomenseiten ist durchgehend und nicht durch die braune Grundfärbung unterbrochen.

FLUGZEIT Juli bis Mitte September.

VORKOMMEN Diese typische Moor- und Gebirgslibelle lebt in Mitteleuropa fast nur in Höhen zwischen 1000 und 2600 m, in Nordskandinavien auch im Flachland. Im Allgäu an mehreren Orten (Muth 2003). Sie muss aber als vom Aussterben bedroht gelten.

LARVENSTADIUM Die Larve (siehe Foto S. 91 unten) ähnelt der Larve der Blaugrünen Mosaikjungfer. Sie ist kleiner und hat kürzere Seitendorne am Abdomen.

LEBENSWEISE In Anpassung an die nachts meist stark abkühlenden Habitate kann die Art ihre blaue Farbe bei Kälte reversibel in einen dunklen Ton ändern, um mehr Sonnenenergie aufnehmen zu können. Außerdem sucht sie helle, stark reflektierende Untergründe zum Sonnenbaden auf. Oft erfolgt von dort der stoßflugartige Beutefang.

Sibirische Mosaikjungfer

Aeshna crenata, (Hagen 1856)

KENNZEICHEN Männchen mit dunklem, blau gezeichnetem Hinterleib und Kerben zwischen den Zähnen an den oberen Hinterleibsanhängen (Cerci). Hinterleib der Weibchen gelb bis grün. Mit 71–86 mm die größte Art der Gattung in Europa. Dick ausgeprägte T-Zeichnung auf der Stirn, keine hellen Flecken hinter den Augen und ein brauner Flügelvorderrand.

FLUGZEIT Anfang Juli bis Anfang September, meist Ende Juli bis Ende August.

VORKOMMEN Innerhalb Europas kommt die bis Japan verbreitete Art lokal im südfinnischen Binnenland und vereinzelt in Lettland, Litauen und Weißrussland vor.

LEBENSWEISE An den Fortpflanzungsgewässern verteidigen die Männchen ihre Reviere energisch gegen Rivalen und andere Aeshniden-Arten. Die Nahrungssuche sowohl am Gewässer als auch über Waldlichtungen und Wegen abseits des Wassers.

Alpen-Mosaikjungfer, *Aeshna caerulea* ♂, Ellmau, Österreich.

Alpen-Mosaikjungfer, *Aeshna caerulea* ♀ bei der Eiablage, Ellmau, Österreich.

Blaugrüne Mosaikjungfer

Aeshna cyanea (Müller 1764)

KENNZEICHEN Die Blaugrüne Mosaikjungfer entspricht in der Körpergröße (70–80 mm) den anderen großen Arten der Edellibellen. Beide Geschlechter haben breite grüne Antehumeralstreifen und zwei sehr breite, ebenso gefärbte Thoraxseitenbinden. Während beim Weibchen auch das gesamte Abdomen schwarz-grün gescheckt ist, sind beim Männchen die Segmente 8 bis 10 schwarz-blau, die übrigen schwarz-grün gefleckt mit blauen Flecken an den Seiten.

FLUGZEIT Die Libellen schlüpfen ab Mitte Juni, erscheinen aber meist erst im August und September wieder am Gewässer. Die letzten Exemplare sieht man bei günstigen Wetterbedingungen bis Oktober/November.

VORKOMMEN Die Blaugrüne Mosaikjungfer ist wohl unsere anspruchsloseste und anpassungsfähigste Großlibelle. Sie lebt vor allem an kleineren stehenden Gewässern, wie Waldtümpeln, Kiesgrubengewässern und selbst Gartenteichen, wo sie nicht selten für Verwirrung sorgt. Aber auch an großen Fischteichen, Baggerseen und Weihern tritt sie regelmäßig auf. Sie ist bei uns überall häufig.

LARVENSTADIUM Die Larve (siehe Foto S. 92 oben) kann sehr unterschiedlich gefärbt sein, hellbraun bis fast schwarz. Meist sind in der Mitte der Abdominalsegmente deutliche dunkle Doppelflecke zu erkennen. Die Fangmaske ist schmal und lang gestreckt. Zur Entwicklung benötigt die Art im Allgemeinen zwei Jahre, manchmal nur ein Jahr.

LEBENSWEISE An manchen Kleingewässern schlüpfen erstaunlich viele Individuen dieser Art. Zur Zeit der Eiablage sieht man aber immer nur wenige Tiere an einem Gewässer. Die einzelnen Männchen wechseln sich zeitlich ab. Sie erscheinen immer nur für kurze Zeit am Wasser, patrouillieren auf der Suche nach eierlegenden Weibchen am Ufer entlang und entfernen sich wieder, um anderen Individuen das Feld zu überlassen (Kaiser 1974a). Bei diesen „Patrouillenflügen" sind die Männchen gar nicht scheu. Sie nähern sich einem ruhig sitzenden Beobachter bis auf wenige Zentimeter, was vielfach zur völlig falschen Deutung als „Angriffslust" führt.

Blaugrüne Mosaikjungfer, *Aeshna cyanea* ♂, Bad Urach, Deutschland.

Blaugrüne Mosaikjungfer, *Aeshna cyanea* ♀ bei der Eiablage, Illerrieden, Deutschland.

Braune Mosaikjungfer

Aeshna grandis (Linnaeus 1758)

KENNZEICHEN Die Braune Mosaikjungfer gleicht in der Körpergröße der Blaugrünen Mosaikjungfer und den anderen großen Arten. Beide Geschlechter haben eine rotbraune Färbung und deutlich braun getönte Flügel. Dadurch ist diese Libelle leicht von allen Arten ihrer Gattung zu unterscheiden. Nur die Keilfleck-Libelle, *Aeshna isoceles*, hat mit ihr eine gewisse Ähnlichkeit, besitzt aber fast farblose Flügel. Die Braune Mosaikjungfer hat nur eine sparsame Zeichnung: gelbe Thorax- Seitenstreifen, gelbe Abdomenseitenflecke beim Weibchen und hellblaue Seitenflecke beim Männchen. Die blauen Flecke des Männchens sind von oben nicht sichtbar, lediglich zwei hellblaue Flecke an der Abdomenbasis und ebenso gefärbte Punkte an der Basis jedes Flügels.

FLUGZEIT Die Art fliegt von Ende Juni bis Anfang Oktober.

VORKOMMEN Diese auffallende Libelle sieht man vor allem an größeren Weihern und Teichen, oft auch weit von jedem Gewässer entfernt. Sie hat ihren Verbreitungsschwerpunkt in Nord- und Osteuropa, doch auch in Mitteleuropa ist sie nirgends selten. Sie tritt bei uns allerdings meist in geringer Individuenzahl auf, nie so zahlreich wie die Blaugrüne Mosaikjungfer. Die Art steht auf der Vorwarnliste.

LARVENSTADIUM Die Larve (siehe Foto S. 93 Mitte) ist kräftiger als die Larve der Blaugrünen Mosaikjungfer. Sie hat eine breite Fangmaske und variiert ganz außerordentlich in der Färbung. Typische Exemplare haben deutliche Ringe an den Schenkeln, kontrastreich abgesetzte dunkle Doppelflecke auf der Mitte der Abdominalsegmente sowie an beiden Seiten eine helle Binde vom Hinterrand des Auges zum Flügelansatz und schwarz-weiß gescheckte Stacheln der Analpyramide. Es kommen aber auch weniger kontrastreich gezeichnete Individuen sowie fast einfarbig schwarze vor.

Braune Mosaikjungfer, *Aeshna grandis* ♂, Rüti, Schweiz.

Braune Mosaikjungfer, *Aeshna grandis* ♀ bei der Eiablage, Bremen, Deutschland.

Keilfleck-Mosaikjungfer, (früher: Keilflecklibelle)

Aeshna isoceles (Müller 1767) (= *Anaciaeschna isosceles*)

KENNZEICHEN Die Art gehört zu den kleineren ihrer Gattung. Durchsichtige Flügel, ähnlich der Braunen Mosaikjungfergefärbt aber rötlicher. Augen leuchtend grün. Auffallend ist ein gelber keilförmiger Fleck auf der Oberseite des 2. Abdominalsegments. Beide Geschlechter gleichen sich in der Färbung.

FLUGZEIT Mitte Mai bis Anfang August.

VORKOMMEN Die Keilfleck-Mosaikjungfer ist eine in Mitteleuropa seltene Tieflandart. Sie kommt vor allem an schilfreichen Altwassern und langsam fließenden Bächen und Gräben vor. In den Stromtälern häufiger.

LARVENSTADIUM Die Larve (siehe Foto S. 94 oben) erinnert in der Färbung an die ausgewachsene Libelle: rötlicher Körper, grünliche Augen. Sie kann aber auch fast schwarz gefärbt sein. Auffallend sind die langen Cerci.

Torf-Mosaikjungfer

Aeshna juncea (Linnaeus 1758)

KENNZEICHEN Die Torf-Mosaikjungfer gehört mit 70-80 mm Körperlänge zu den großen Arten dieser Familie. Männchen mit dunkelbraunem Thorax mit auf jeder Seite zwei schrägen gelben Seitenbinden und dazwischen oft einem kleinen gelben Fleck. Antehumeralstreifen schmal und strichförmig, seltener nagelförmig. Das schwarze Abdomen trägt oben auf jedem Segment auf jeder Seite hinten einen runden blauen Fleck und davor einen schmalen gelben Querstreifen. Weibchen am ganzen Körper mit dunkelbrauner Grundfarbe. Antehumeralstreifen kurz und strichförmig. Das Abdomen ist ähnlich wie beim Männchen gelbgrün und gelb gefleckt. Kleinere runde Flecke. Weibchen gelegentlich wie Männchen gefärbt. Wichtiges Unterscheidungsmerkmal für das Weibchen: Die oberen Hinterleibsanhänge sind in einem Winkel von etwa 45° auf der Innenseite nach unten gedreht, sodass die Oberflächen miteinander ungefähr einen rechten Winkel bilden (siehe Abb. S-57, S. 73).

FLUGZEIT Von Mitte Juni bis Mitte Oktober.

VORKOMMEN Diese Libelle ist vor allem eine Moorlibelle, kommt aber gelegentlich auch an anderen Gewässern vor. In den Mooren Norddeutschlands, im Alpenvorland, im mittleren Teil der Bundesrepublik und ganz besonders in den Alpen ist sie die häufigste Art der Edellibellen.

LARVENSTADIUM Larve (siehe Foto S. 92 unten) mit glatter, glänzender Körperoberfläche und breiter, kurzer Fangmaske. Seitlich der dunklen Hinterleibsmitte helle Längsbinden, die besonders bei den jüngeren Larvenstadien auffallen.

Keilfleck-Mosaikjungfer, *Aeshna isoceles* ♂, Hettlingen, Schweiz

Torf-Mosaikjungfer, *Aeshna juncea*, Paarungsrad am Ufer eines hochalpinen Gewässers, Albulapass, Schweiz.

Herbst-Mosaikjungfer
Aeshna mixta (Latreille 1805)

KENNZEICHEN Die Herbst-Mosaikjungfer gleicht in der Größe der Alpen-Mosaikjungfer. Der Thorax ist braun mit sehr kleinen gelblichen Antehumeralstreifen und breiten gelben Seitenbinden. Das Abdomen ist beim Männchen schwarz mit blauen Flecken und einem kleinen gelben Dreieck auf braunem Grund. Gelegentlich gibt es ein wie ein Männchen gefärbtes Weibchen.

FLUGZEIT Späte Art: fliegt von Juli/August bis Oktober/November

VORKOMMEN Die Herbst-Mosaikjungfer lebt an pflanzenreichen, stehenden Gewässern: Weiher und Teiche mit Schilfgürtel, oder Moorgewässer. Sie besiedelt auch Fischteiche besiedeln, die den ganzen Winter über trockenliegen. Diese fliegt erst spät im Jahr und fällt nicht besonders auf. Sie fliegt nicht so ausdauernd wie die Braune oder die Blaugrüne Mosaikjungfer und setzt sich häufiger ab.

LARVENSTADIUM Die Larve (siehe Foto S. 91 oben) ähnelt einer kleinen Larve der Blaugrünen Mosaikjungfer, die Seitendorne des 9. Segments sind aber länger. Die dunkle Zeichnung in der Mitte der Abdominalsegmente ist weniger ausgedehnt oft leicht rötlich. Die Art überwintert als Ei. Die Larve entwickelt sich oft noch im Schlüpfjahr zur Libelle.

LEBENSWEISE Die Weibchen suchen zur Eiablage meist versteckte Stellen im Schilfdickicht, wo sie ihre Eier vor allem in schwimmende, abgestorbene Pflanzenteile einbohren.

Baltische Mosaikjungfer
Aeshna serrata (Hagen 1856)

KENNZEICHEN Die Baltische Mosaikjungfer ähnelt der Torf-Mosaikjungfer. Sie ist 75-81 mm Körperlänge und einer Flügelspannweite von 100–110 mm etwas größer. Die gelbe und blaue Fleckenzeichnung auf dem Hinterleib des Männchens ist ausgedehnter und leuchtender. Das Weibchen besitzt, anders als *Aeshna juncea*, einen breiten hellen Antehumeralstreifen. Im Unterschied zu vielen anderen Mosaikjungfern zeigt die dunkle „T"-Zeichnung oben auf der Stirn einen sehr schmalen dunklen Stiel.

FLUGZEIT Die Art fliegt von Juli bis September.

VORKOMMEN Die Art kommt vor allem im baltischen und finnischen Küstengebiet an Küstenlagunen und Meeresbuchten vor. Weitere Vorkommen finden sich in Schweden, hier auch an Seen tiefer im Binnenland und seit Kurzem im dänischen Küstengebiet. Sie könnte eines Tages auch an der deutschen Ostseeküste auftauchen.

Herbst-Mosaikjungfer, *Aeshna mixta* ♂.

Baltische Mosaikjungfer, *Aeshna serrata* ♂, Virolahti, Finnland.

Hochmoor-Mosaikjungfer

Aeshna subarctica (Walker 1908)

KENNZEICHEN

Die Hochmoor-Mosaikjungfer ist leicht mit der Torf-Mosaikjungfer zu verwechseln. Die Ähnlichkeit der beiden Arten hatte zur Folge, dass sie erst 1927 in Mitteleuropa entdeckt wurde. Die Färbung des Männchens entspricht in etwa der der Torf-Mosaikjungfer, ist aber im Allgemeinen blasser. Die Thorax-Seitenstreifen sind breit, unten gelb und werden zum Flügelansatz hin hellblau. Zwischen den beiden breiten Streifen liegt außerdem ein deutlich sichtbarer, schmaler dritter Streifen. Die Antehumeralstreifen sind meist breit und nagelförmig. Eine dunkle Farbvariante dieser Art erinnert in der Thoraxzeichnung allerdings sehr an die Torf-Mosaikjungfer. Das sicherste Unterscheidungsmerkmal ist daher die Fleckung des Hinterleibs: Der runde Fleck ist kleiner, der Querstrich breiter als bei der anderen Art, sodass beide Zeichnungselemente, vor allem im vorderen Abschnitt des Abdomens, fast gleich groß sind (Bilek 1960). Das Weibchen lässt sich am sichersten durch die etwa waagerechte Haltung der oberen Hinterleibsanhänge von der Torf-Mosaikjungfer unterscheiden (siehe Abb. S-59, S. 73).

FLUGZEIT

Die Flugzeit beginnt Mitte Juli und endet Mitte September.

VORKOMMEN

Die Hochmoor-Mosaikjungfer ist in ihrem Vorkommen an Moore mit Torfmoosen (Sphagnum) gebunden. Sie fliegt vor allem an kleineren Moorseen, Hochmoorschlenken und regenerierten Handtorfstichen, meist zusammen mit der Torf-Mosaikjungfer. Sie kommt sowohl in den Mooren Norddeutschlands als auch in süddeutschen Mooren vor (Schwarzwald, Alpen, Alpenvorland). Wegen ihrer hohen Ansprüche ist sie bei uns stark gefährdet.

LARVENSTADIUM

Die Larve (siehe Foto S. 93 unten) ähnelt außerordentlich der Larve der Torf-Mosaikjungfer. Sie ist etwas schlanker, kurzbeiniger und hat eine noch stärker glänzende Körperoberfläche. Ihre Cerci sind außerdem länger als bei allen anderen Edellibellenarten.

Hochmoor Mosaikjungfer, *Aeshna subarctica*, Paarungsrad am Ufer eines Moorsees in der Lüneburger Heide, Neuenkirchen, Deutschland.

Grüne Mosaikjungfer

Aeshna viridis (Eversmann 1835)

KENNZEICHEN Die Grüne Mosaikjungfer ähnelt auf den ersten Blick der Blaugrünen Mosaikjungfer. Sie ist aber etwas kleiner (65–75 mm Körperlänge). Vor den Augen, auf der Stirn, trägt sie nur einen breiten schwarzen Querstrich. Alle übrigen Edellibellen-Arten, mit Ausnahme der Braunen Mosaikjungfer, haben hier ein schwarzes „T" (siehe Abb. S-55, S. 72). Die Thoraxseiten sind einfarbig grün. Der grüne Antehumeralstreifen ist etwa so breit wie bei der Blaugrünen Mosaikjungfer. Während das Männchen auf dem Abdomen große blaue Flecke besitzt, ist das Weibchen hier wie auf dem übrigen Körper grün gezeichnet.

FLUGZEIT Die Flugzeit reicht von Mitte Juli bis Ende September.

VORKOMMEN Die Grüne Mosaikjungfer kommt nur an Gewässern vor, in denen sich dichte Bestände der Krebsschere (Stratiotes aloides) entwickeln. Sie fliegt meist an Altwassern und Gräben in den Flusstälern. Bei uns ist sie sehr selten und fehlt etwa südlich der Allerniederung. Sie ist vom Aussterben bedroht, da die Krebsschere von den Anglervereinen als „Unkraut" in Fischereigewässern erbittert bekämpft wird, obwohl sie durch die Artenschutzverordnung geschützt ist.

LARVENSTADIUM Die Larve (siehe Foto S. 93 oben) ähnelt in der Gestalt und in der Form ihrer Fangmaske sehr der Larve von *A. grandis*. Sie ist aber einfarbig grünlich oder braun und hat nicht die für die *grandis*-Larve typischen Doppelflecke in der Rückenmitte.

LEBENSWEISE Die Art beginnt erst verhältnismäßig spät in den Vormittagsstunden zu fliegen, ist dafür aber noch in den Abendstunden aktiv. Bei schönem Wetter sieht man die Männchen über den Krebsscherenbeständen hin und her patrouillieren. Die Weibchen kommen nur zur Eiablage ans Gewässer. Eigenartigerweise legen sie ihre Eier so gut wie ausschließlich in die überaus stachligen Blätter dieser Pflanze. Durch ihre hervorragende Tarnfärbung sind die Weibchen im Pflanzengewirr kaum zu entdecken.

Grüne Mosaikjungfer, *Aeshna viridis* ♂, Bremen, Deutschland

Grüne Mosaikjungfer, *Aeshna viridis* ♀ bei der Eiablage, Bremen, Deutschland.

Schabracken-Königslibelle (früher: Schabrackenlibelle)

Anax ephippiger (Burmeister 1839) (= *Hemianax ephippiger*)

KENNZEICHEN

Die Schabracken-Königslibelle entspricht in der Körpergröße den kleineren Edellibellen-Arten. Ihre Grundfarbe ist ein fahles Gelbbraun. Das Männchen trägt auf dem 2. Segment einen großen, leuchtend hellblauen Fleck, der beim Weibchen verwaschen graublau ist. Die Art erinnert dadurch an die Kleine Königslibelle, *Anax parthenope*.

FLUGZEIT

Die Art fliegt in Südeuropa fast das ganze Jahr hindurch und erscheint in Mitteleuropa vor allem von Juli bis September.

VORKOMMEN

Die eigentliche Heimat dieser typischen Wanderlibelle ist Afrika. Diese Art ist ungewöhnlich wanderfreudig und wurde in den letzten Jahren immer häufiger auch in Deutschland gefunden. Ihre weitesten Vorstöße reichten bis Schleswig-Holstein, England, Irland und mehrfach sogar bis Island. Manchmal taucht sie mitten im Winter auf, so z. B. im Februar 1903 an der englischen Südküste. Mittlerweile gibt es auch mehrere Entwicklungsnachweise aus Deutschland. Es gelingt dieser Libelle derzeit aber noch nicht, dauerhafte Populationen in Mitteleuropa aufzubauen, da offenbar weder Larven noch Imagines den Winter bei uns überstehen. Besonders in wärmeren Jahren tauchen aber inzwischen immer wieder bei uns Scharen zugewanderter Tiere auf, die vor allem in flachen, sich rasch erwärmenden Gewässern ihre Eier ablegen und dort dann manchmal auch eine Nachfolgegeneration hervorbringen.

LEBENSWEISE

Die Eier werden von den Weibchen meist als Tandem mit dem angekoppelten Männchen abgelegt, teils in im Wasser schwimmende Pflanzenteile, teils einfach am Gewässerufer.

Schabracken-Königslibelle, *Anax ephippiger* ♂, Weiach, Schweiz.

Schabrackenlibelle-Königslibelle, *Anax ephippiger*, Eiablage im Tandem, Weiach, Schweiz.

Große Königslibelle

Anax imperator (Leach in Brewster 1815)

KENNZEICHEN Die Art ist ähnlich groß wie die großen Edellibellen-Arten. Thorax einfarbig grün, ohne Antehumeralstreifen und Seitenbinden. Vor den Augen befinden sich auf der grünen Stirn ein hellblauer Querstreifen und dahinter ein kleines schwarzes Fünfeck. Abdomen des Männchens hellblau mit durchgehendem, schwarzen Längsband, das in jedem Segment zahnartig ausgebuchtet ist. Weibchen mit einem mehr blaugrünen Abdomen mit braunem, etwas breiteren Längsband.

FLUGZEIT Flugzeit ab Anfang Juni, endet im August/September.

VORKOMMEN Die Große Königslibelle lebt an stehenden Gewässern, vor allem an pflanzenreichen Teichen und Tümpeln. Sie fehlt an austrocknungsgefährdeten Kleingewässern. Die Art ist bei uns überall verbreitet

LARVENSTADIUM Die Larve (siehe Foto S. 89 unten) wird mit 55 mm Körperlänge sehr groß. Auch die Augen sind sehr groß. Die breiteste Stelle des Kopfes liegt deutlicher hinter der Kopfmitte (bei *Aeshna*-Arten davor). Seitendorne sind nur an den Segmenten 7 bis 9 entwickelt. Sie benötigt zur Entwicklung meist nur ein Jahr und überwintert in verschiedenen Stadien.

LEBENSWEISE Die Große Königslibelle ist ein ausdauernder Flieger. Die Männchen sind kräftig und vertreiben andere Arten aus ihrem Revier. Die leuchtende Färbung wandelt sich bei niedriger Temperatur in ein dumpfes Graublau. Die Weibchen setzen sich zur Eiablage meistens entfernt vom Ufer frei sichtbar auf schwimmende Pflanzenteile.

Indische Königslibelle

Anax immaculifrons (Rambur 1842)

KENNZEICHEN Die größte Libellenart Europas hat einen 80-86 mm langen, schwarzgelb geringelten Körper. Basis beim Männchen hellblau mit schwarzer Zeichnung. Tiefblau leuchtende Augen. Stirn nicht gezeichnet und wie die Brust grünlich mit hellblauen Bereichen. Beim Weibchen fehlt diese Färbung und es überwiegt ein grünlich-gelber Farbton.

FLUGZEIT Auf den griechischen Inseln von Anfang Mai bis Ende Juli.

VORKOMMEN Die Verbreitung reicht über die Türkei und den Nahen Osten bis Indien, Sri Lanka und das südliche China. Westlichstes Vorkommen u.a. Karpathos, Rhodos, Lesbos, und Zypern. Dort bewohnt sie Felsentümpel und Unterläufe stets Wasser führender Bäche. 2020 wurde die Art im Juli auf Rhodos im Tal der Schmetterlinge beobachtet.

Große Königslibelle, *Anax imperator* ♂, Neuenkirchen, Deutschland.

Große Königslibelle, *Anax imperator* ♀, bei der Eiablage, Svetvincenat, Kroatien.

Kleine Königslibelle

Anax parthenope (Sélys 1839)

KENNZEICHEN Die Kleine Königslibelle ist kaum kleiner als die Große (65–75 mm Körperlänge). Beide Geschlechter unterscheiden sich nur wenig. Der Thorax und das Abdomen sind braungrau bis bräunlich violett gefärbt, nur das 2. und (beim Männchen) Teile des 3. Segments sind leuchtend hellblau. An der Basis von Segment 2 befindet sich außerdem eine auffallende gelbe Querbinde. Die Flügel sind in der Mitte bräunlich getönt, beim Männchen ausgedehnter als beim Weibchen.

FLUGZEIT Die Art fliegt von Mitte Juni bis Mitte August, in Südeuropa schon im Mai.

VORKOMMEN Die Kleine Königslibelle lebt vorzugsweise an größeren Weihern und Seen. In Südeuropa tritt sie regelmäßig auch an überfluteten Reisfeldern auf. In Mitteleuropa kommt die mediterrane Art in klimatisch begünstigten Gebieten wie am Oberrhein, aber auch in der Mark Brandenburg vor. Bei uns gilt sie als in unbekanntem Maß gefährdet.

LARVENSTADIUM Die Larve (siehe Foto S. 90 oben) ähnelt sehr der der Großen Königslibelle. Beide Arten unterscheiden sich durch die im Larvenschlüssel angegebenen Merkmale.

LEBENSWEISE Die Eiablage findet manchmal ohne, manchmal mit begleitendem Männchen statt.

Kleine Königslibelle, *Anax parthenope* ♂, Salin de Giraud, Frankreich.

Kleine Königslibelle, *Anax parthenope* ♀ bei der Eiablage, Svetvincenat, Kroatien.

Östliche Geisterlibelle

Boyeria cretensis (Peters 1991)

KENNZEICHEN Die Art ähnelt sehr der Westlichen Geisterlibelle, ist aber mit 69-71 mm Körperlänge etwas größer. Die dunklen Zeichnungen auf dem Hinterleib sind ausgedehnter, wodurch der Anschein fehlender Bänderung entsteht.

FLUGZEIT Von April bis Ende Oktober; Hauptflugzeit von Juli bis Oktober.

VORKOMMEN Die Östliche Geisterlibelle ist endemisch auf Kreta und auf kleine, beständig Wasser führende Fließgewässer in Galeriewäldern beschränkt. Die Larven entwickeln sich in Bächen mit Steinen und wenig Kies, Wurzelgeflechten und Ansammlungen von Falllaub und Totholz.

LEBENSWEISE Männliche Tiere patrouillieren in der zweiten Vormittagshälfte mit Aktivitätsschwerpunkt am späteren Nachmittag bis Sonnenuntergang.

Westliche Geisterlibelle (früher: Geisterlibelle)

Boyeria irene (Fonscolombe 1838)

KENNZEICHEN Die Westliche Geisterlibelle wirkt durch ihre graugrüne bis graubraune Färbung wie noch nicht ausgefärbt. Alle Flügel haben einen verschwommenen dunklen Spitzenfleck. Beide Geschlechter gleichen sich weitgehend in der Färbung.

FLUGZEIT Die Flugzeit erstreckt sich von Ende Juni bis September.

VORKOMMEN Die Westliche Geisterlibelle ist eine westmediterrane Libelle. Die nördlichsten Vorkommen liegen in der Schweiz und im mittleren Frankreich. In Südfrankreich ist sie stellenweise nicht selten. In den letzten Jahren wurde sie auch schon auf der deutschen Seite des Bodensees und in Oberbayern beobachtet. Völlig überraschend wurden 2008 an einem Bach in der Lüneburger Heide mehrere Exuvien gefunden und in den folgenden Jahren an der gleichen Stelle dann mehrfach fliegende Libellen beobachtet. (Clausnitzer et al. 2010). Die Art ist Sie entwickelt sich vorwiegend in Fließgewässern.

LARVENSTADIUM Die Larve (s. Foto S. 89 oben) hat scharfe Ecken am Hinterkopf und deutlich abstehende Seitendorne am Abdomen, auch am 5. Segment. Oben auf dem 8. Segment fällt ein gelber Fleck ins Auge.

LEBENSWEISE Die Westliche Geisterlibelle fliegt vor allem in der Abenddämmerung, aber auch schon in den späten Vormittagsstunden. Die Weibchen legen ihre Eier an sehr versteckten Stellen, meist in Höhlungen unter Baumwurzeln am Ufer ab.

Westliche Geisterlibelle, *Boyeria irene* ♂, Sigonce, Frankreich.

Früher Schilfjäger, (früher: Kleine Mosaikjungfer)

Brachytron pratense (Müller 1764)
(= *Brachytron hafniense* (Müller 1764))

KENNZEICHEN

Der Frühe Schilfjäger ist mit 55–65 mm Körperlänge unsere kleinste Edellibelle. Die Art ist auffallend behaart, besonders am Thorax. Die Thoraxseiten sind grün mit zwei schrägen schwarzen Streifen. Das Abdomen ist beim Männchen schwarz-blau gescheckt, beim Weibchen schwarzgelbgrün. Beide Geschlechter haben ein auffallend langes schmales Pterostigma und sehr lange obere Hinterleibsanhänge.

FLUGZEIT

Als früheste Mosaikjungfer fliegt der Frühe Schilfjäger von Anfang Mai bis Mitte Juli.

VORKOMMEN

Der Frühe Schilfjäger ist eine typische Tieflandlibelle, die vor allem an den stehenden Gewässern der Flussauen vorkommt. Sie bevorzugt Weiher und Seen mit schilfreichen Ufern. Da ihre Bestände überall rückläufig sind, gilt sie als gefährdet.

LARVENSTADIUM

Die Larve (siehe Foto S. 90 oben) unterscheidet sich deutlich von den Larven der übrigen Edellibellen. Sie hat nur kleine, knopfförmige Augen, ein auf der Unterseite flaches, fast ausgehöhltes Abdomen und abgeflachte Beine. Sie kann sich dadurch eng an Binsen- und Schilfhalme schmiegen und ist dann hervorragend getarnt. Auch im Wasserkescher zieht sie die Beine eng an den Körper und verharrt reglos, sodass sie leicht zu übersehen ist. Zu ihrer Entwicklung benötigt sie normalerweise drei Jahre.

Früher Schilfjäger, *Brachytron pratense* ♂, Illmitz, Österreich.

Früher Schilfjäger, *Brachytron pratense* ♀, Illmitz, Österreich.

Schattenlibelle, (früher: Östliche Phantomlibelle)

Caliaeshna microstigma (Schneider 1845)

KENNZEICHEN

Die Schattenlibelle ist mit einer Körperlänge von 50–60 mm und einer Flügelspannweite von 70–85 mm die kleinste europäische Edellibelle. Wie im wissenschaftlichen Artnamen angedeutet, besitzt sie mit 2 mm zugleich das kürzeste Flügelmal der Familie. Die Zeichnungen auf dem schwarzen Hinterleib des Männchens sind hellblau, ebenso die meist wie eine „7" geformten Antehumeralstreifen. Das braune Weibchen ist gelblich gezeichnet. Seine Hinterleibsanhänge sind extrem kurz.

FLUGZEIT

Die Flugzeit beginnt Mitte Mai und reicht manchmal bis in den Oktober.

VORKOMMEN

Die Art fliegt vorwiegend an kleinen schattigen Bächen. Sie kommt vor allem in Griechenland einschließlich der ägäischen Inseln (ohne Kreta), daneben auch in Bulgarien und Albanien vor und ist an ihren Fundorten meist nicht selten.

LEBENSWEISE

Die Schattenlibelle ähnelt in ihren Gewohnheiten sehr der Geisterlibelle und vertritt diese westlich verbreitete Art im östlichen Mittelmeergebiet. Ihrem Namen entsprechend fliegt die Art bevorzugt an beschatteten Bergbächen und erscheint üblicherweise erst ab dem Mittag am Wasser. Ihr Aktivitätsmaximum liegt in den Abendstunden, aber auch noch in der Dämmerung wird Jagd auf verschiedene kleine Fluginsekten gemacht. Bei der Suche nach einer Paarungspartnerin sucht das Männchen in niedrigem Flug das Ufer ab. Wird es fündig, greift es das Weibchen im Flug und steigt im Tandem zur Kopula in den Kronenbereich der Bäume auf.

Schattenlibelle, *Caliaeshna microstigma* ♂, Yuvarlak, Türkei.

Französische Keiljungfer, (früher: Gezackte Keiljungfer)

Gomphus graslinii (Rambur, 1842)

KENNZEICHEN Diese Art ähnelt ebenfalls der Westlichen und der Gelben Keiljungfer. Sie besitzt aber etwas ausgedehntere dunkle Zeichnungen. Die schwarzen Streifen vorn auf der Thoraxoberseite sind am hinteren Ende miteinander verbunden. Das sicherste Kennzeichnen sind die gegabelten (gezackten) oberen Hinterleibsanhänge des Männchens. Sie sind besonders von oben auffällig (siehe Bild).

FLUGZEIT Die Flugzeit reicht von Mitte Juni bis Ende August.

VORKOMMEN Die Französische Keiljungfer fliegt vorwiegend an größeren, ruhigen Fließgewässern Sie kommt nur in Südfrankreich, Spanien und Portugal vor. An ihren Fundorten treten gelegentlich die beiden ähnlichen *G. flavipes* und *G. simillimus* auf.

LEBENSWEISE Die Französische Keiljungfer ist eine Tieflandart, die meist an Orten unterhalb von 600m ü. NN angetroffen wird. Ihre Entwicklungsgewässer sind langsam bis mäßig schnell fließende Bäche und Flüsse, die schlammige oder sandige Böden aufweisen. In strömungsberuhigten Zonen ist der Gewässergrund zusätzlich stellenweise mit Laubdetritus bedeckt, wodurch eine gute Tarnung der Larven gegeben ist. Der Wasserstand geeigneter Habitate kann beträchtlichen Schwankungen unterliegen, ohne dass das Gewässer jedoch austrocknen darf, da die Larven dann sterben würden. Genau darin liegt die größte Bedrohung der Art, wenn durch bauliche Veränderungen der Flussläufe und übermäßige Entnahme von Wasser der Lebensraum zerstört wird.

Französische Keiljungfer, *Gomphus graslinii* ♂, Ardèche, Frankreich

Westliche Keiljungfer

Gomphus pulchellus (Sélys 1840)

KENNZEICHEN Die Westliche Keiljungfer gleicht in der Größe der Gemeinen Keiljungfer. Sie ist aber deutlich schlanker und zierlicher gebaut. Das Abdomen ist bei beiden Geschlechtern hinten nicht erweitert. Die dunklen Zeichnungen sind sehr schmal, sodass insgesamt die helle Zeichnung überwiegt. Auf der Oberseite des Abdomens verläuft ein durchgehendes helles Längsband. Die hellen Körperpartien verändern sich von einem reinen Gelb im Jugendzustand zu einem verwaschenen Grauoliv im Alter. Die Augen sind bei ausgefärbten Tieren blaugrau.

FLUGZEIT Die Flugzeit reicht von Mitte Mai bis Mitte August.

VORKOMMEN Die Westliche Keiljungfer ist die einzige Art ihrer Familie, die sich vorzugsweise in stehenden Gewässern entwickelt. Sie lebt an klaren, vegetationsarmen Seen mit kiesigen Ufern und hat offenbar in den sich überall vermehrenden Baggerseen einen optimalen Lebensraum gefunden. Sie sonnt sich oft auf den Kiesufern der Baggerseen, ist nicht besonders scheu und daher leicht zu beobachten. Das Paarungsrad lässt sich meist in der Vegetation in Ufernähe nieder. Nach der Paarung fliegt das Weibchen zum Gewässer zurück und wirft die Eier ins Wasser ab, indem es mit dem Abdomen nach unten pendelt.

LARVENSTADIUM Die Larve (siehe Foto S. 95 oben) ist ebenso flach wie die der Gemeinen Keiljungfer, *Gomphus vulgatissimus*. Ihr Abdomen ist hinten in eine Spitze ausgezogen, indem das 9. Segment verlängert ist. Dieses ist etwa so lang wie breit, bei der Gemeinen Keiljungfer fast doppelt so breit wie lang. Die Entwicklungsdauer ist nicht sicher bekannt. Sie dürfte etwa drei bis fünf Jahre betragen.

LEBENSWEISE Die Westliche Keiljungfer ist die einzige Flussjungfer, die nicht nur ihre Fundorte behauptet, sondern sich sogar stetig weiter ausbreitet. Während sie vor 30 Jahren zu den seltensten Libellen in Mitteleuropa gehörte, ist sie mittlerweile zwischen Bodensee und Elbe allgegenwärtig, gebietsweise sogar recht häufig, vor allem in den Flusstälern mit Kiesabbau. Sie zeigt damit ähnliche Ausbreitungstendenzen wie die Pokal-Azurjungfer, *Erythromma indenii*, mit der sie oft vergesellschaftet ist. Sie wird aber dennoch in der Vorwarnliste geführt.

Westliche Keiljungfer, *Gomphus pulchellus*, junges ♂, Leipheim, Deutschland.

Westliche Keiljungfer, *Gomphus pulchellus*, junges ♀, Ludwigsfeld, Deutschland.

Gelbe Keiljungfer

Gomphus simillimus (Sélys 1840)

KENNZEICHEN Die Gelbe Keiljungfer ist leicht mit der Westlichen Keiljungfer zu verwechseln. Sie unterscheidet sich von dieser aber durch ihren kräftigeren Körperbau und das beim Männchen keilförmig erweiterte Abdomen. Außerdem erscheinen bei ihr die schwarzen Thorax-Streifen breiter. So sind etwa der zweite und der dritte Streifen breiter als der zwischen ihnen liegende, hell gefärbte Raum (siehe Abb. S-49, S. 70). Von der ebenfalls ähnlichen Asiatischen Keiljungfer lässt sie sich am leichtesten durch die dichter beieinander liegenden äußeren Streifen unterscheiden (vergleiche Abb. S-48.und S-49, S. 70).

FLUGZEIT Mitte Mai bis Ende Juli. Im Norden ihres Verbreitungsgebiets bis August.

VORKOMMEN Die Gelbe Keiljungfer ist westmediterran verbreitet und z. B. in Südfrankreich nicht selten. In Deutschland wurde sie erstmals Ende der 1950er- Jahre am Bodensee gefunden; weitere Funde vom Anfang des letzten Jahrhunderts stammen aus dem benachbarten schweizer Grenzgebiet am Hochrhein. Sie wird in der Roten Liste in der Kategorie „extrem selten, mit geografischer Restriktion" geführt. Die Art bewohnt offenbar ausschließlich Fließgewässer.

LARVENSTADIUM Die Larve (siehe Foto S 96 oben) ähnelt der Larve der Gemeinen Keiljungfer, *Gomphus vulgatissimus*. Ihr fehlen die Seitendorne am 6. Segment.

Türkische Keiljungfer

Gomphus schneiderii (Sélys 1840)

KENNZEICHEN Die Türkische Keiljungfer wurde lange als Unterart von *G. vulgatissimus* angesehen. Sie lässt sich äußerlich kaum von ihr abgrenzen. Sichere Unterscheidungsmerkmale sind nur die männlichen Cerci – Innenrand gerade, bei *vulgatissimus* geschwungen – und die weibliche Legescheide – schwächer konkave Seiten und dadurch breiter als bei *vulgatissimus*. Die Art ist im Durchschnitt geringfügig kleiner *als vulgatissimus*.

FLUGZEIT Die Art kann von Ende April bis Mitte Juli nachgewiesen werden.

VORKOMMEN Die Art gilt als östliches Pendant von *G. vulgatissimus* mit Überschneidung in Griechenland. Albanien und Nordmazedonien. Verbreitungsschwerpunkte sind der Peloponnes und mehrere griechische Inseln. Die Art fliegt auch im Kaukasus, dem Iran und in Syrien.

LEBENSWEISE Die Art besiedelt bevorzugt offene Bachunterläufe und Flüsse mit sandig-kiesigem Grund.

Gelbe Keiljungfer, *Gomphus simillimus* ♂, Mas Thibert, Frankreich.

Gemeine Keiljungfer

Gomphus vulgatissimus (Linnaeus 1758)

KENNZEICHEN Die Gemeine Keiljungfer erreicht 45–50 mm Körperlänge. Ihre Beine sind einfarbig schwarz. Alle anderen Arten haben hell gestreifte Beine. Der Hinterleib ist beim Männchen in Höhe der Segmente 7 bis 9 deutlich keilförmig verbreitert. Auch beim jungen Weibchen ist diese Verbreiterung deutlich. Sie verliert sich aber mit dem Heranreifen der Eier und dem damit verbundenen Anschwellen des Hinterleibs. Das Weibchen und das junge Männchen sind schwarz-gelb gefleckt, das reife Männchen ist schwarz und hellgrünlich.

FLUGZEIT Die Flugzeit beginnt schon Anfang Mai und endet im Juli.

VORKOMMEN Die Gemeine Keiljungfer entwickelt sich in sandigen Bächen und Flüssen, gelegentlich auch in klaren, kühlen Seen mit Brandungsufer. Diese Libelle ist sehr empfindlich gegen Gewässerverschmutzung und Bachregulierungen. In Deutschland sind gegenwärtig nur noch wenige Stellen bekannt, an denen sie regelmäßig zu beobachten ist. Dazu gehören klare Heidebäche in Norddeutschland, Auengewässer der Oberrheinischen Tiefebene und Seeausflüsse im Alpenvorland.

LARVENSTADIUM Die Larve (siehe Foto S. 95 unten) ist auffallend flach gedrückt und verhältnismäßig breit gebaut Mithilfe ihrer kräftigen Grabbeine wühlt sie sich am Rand von Sandbänken in den Bachgrund. Zu ihrer Entwicklung benötigt sie mindestens drei Jahre.

LEBENSWEISE Aus der Tatsache, dass diese Libelle besonders empfindlich ist, resultiert die geradezu paradoxe Situation, dass eine Art, die Linnäus 1758 als „vulgatissimus", also „äußerst gemein", erlebte, heute als stark gefährdet eingestuft wird.

Gemeine Keiljungfer, *Gomphus vulgatissimus*, junges ♂, Rotenburg, Deutschland.

Gemeine Keiljungfer, *Gomphus vulgatissimus*, junges ♀, Leipheim, Deutschland

Seedrache, (früher: Schaufellibelle)

Lindenia tetraphylla (Vander Linden 1825)

KENNZEICHEN Diese unverwechselbare Flussjungfer wird mit einer Körperlänge von 69–80 mm und 75–85 mm Flügelspannweite deutlich größer als alle übrigen Arten dieser Familie. Die Grundfärbung ist hell gelblich mit einer schwarzen Zeichnung. Diese kann aber in ihrer Ausdehnung stark variieren, sodass manche Exemplare insgesamt sehr dunkel erscheinen. Bei beiden Geschlechtern ist der Hinterleib ausgesprochen lang und schmal und dann bei den Segmenten 7 und 8 zu einer Art Schaufel verbreitert. Die oberen Hinterleibsanhänge des Männchens sind fingerförmig und gerade nach hinten gestreckt.

FLUGZEIT Die Flugzeit reicht von Mai bis August.

VORKOMMEN Der Seedrache fliegt vorwiegend an Seen und größeren Flüssen, besonders solchen mit ausgedehnten Schilfufern. Die überall seltene Art ist in Europa nur von wenigen Fundorten aus Italien, von der dalmatinischen Küste, aus Montenegro und Griechenland bekannt.

LEBENSWEISE Die Tiere setzen sich meist am Boden ab und halten dabei ihren Hinterleib leicht angehoben. Die auf das Tiefland beschränkte Art durchläuft nach dem Schlupf eine ca. zweiwöchige Reifungszeit, die oft fernab des Schlupfgewässers vollzogen wird. Danach findet sich *L. tetraphylla* wieder an Seen, Sümpfen und Gewässern mit geringer Strömung ein, die stets Uferzonen mit üppigem Schilfbestand aufweisen. Die Tiere setzen sich meist am Boden ab, wo sie leicht erhöhte Sitzwarten bevorzugen. Dabei halten sie sich nur mit den Mittel- und Hinterbeinen fest, während die Vorderbeine zwischen Kopf und Brust angezogen werden. Ihren Hinterleib halten sie dabei leicht angehoben. Erst bei starker Sonneneinstrahlung ändern sie ihre Sitzposition und nehmen die Obeliskhaltung mit senkrecht stehendem Abdomen ein.

Seedrache, *Lindenia tetraphylla* ♂, Küycegiz-See, Türkei.

Braune Zangenlibelle

Onychogomphus costae (Sélys 1885)

KENNZEICHEN
Diese mit 43-46 mm Körperlänge sehr kleine Zangenlibelle ist in beiden Geschlechtern tarnfarben braun mit elfenbeinfarbenen Bereichen am Thorax und den vorderen Segmenten sowie wenigen kleinen schwarzen Flecken. Die Cerci des Männchens sind auffallend lang, das Epiproct oberseits ohne Zahn und kürzer als die Cerci. Die Legescheide des Weibchens hat am Hinterrand eine tiefe Einkerbung.

FLUGZEIT
In Europa von Ende April bis Anfang August.

VORKOMMEN
Die Braune Zangenlibelle lebt nur im mediterranen Teil der Iberischen Halbinsel.

LARVENSTADIUM
Die Larve (siehe Foto S. 97 oben) hat schräg herabführende Flügelscheiden. Auf dem Abdomenrücken trägt sie schwach entwickelte Höcker, keine Dorne.

LEBENSWEISE
Die Männchen besetzen Steine am Ufer und erwarten dort das Auftauchen der Weibchen. Geschlechtsgenossen werden bekämpft. Dabei kommt es aber nicht zu festen Revieren der einzelnen Individuen.

Kleine Zangenlibelle

Onychogomphus forcipatus (Linnaeus 1758)

KENNZEICHEN
Die Kleine Zangenlibelle erreicht ca. 50 mm Körperlänge. Sie ähnelt den *Gomphus*-Arten. Das Gelb geht im Thoraxbereich ins Grünliche, an den Abdomenseiten ins Weißliche. Die Augen sind mattgrün. Das auffälligste Merkmal des Männchens sind die mächtigen, an den Spitzen nach innen gebogenen Hinterleibszangen. Beide Geschlechter mit sehr breiten Thoraxbinden, die auch an den Thoraxseiten deutlich ausgebildet sind. Im Mittelmeergebiet wird die mitteleuropäische Unterart *O. forcipatus forcipatus*, durch die südeuropäische Unterart *O. forcipatus unguiculatus* ersetzt. Diese zeigt eine weiter ausgedehnte, satte Gelbfärbung und blaugrüne Augen. Die Zangen des Männchens sind gelblich. Die Unterscheidung von der Großen Zangenlibelle ist nicht einfach.

FLUGZEIT
Flugzeit ab Mitte Juni, bis August, in Südeuropa auch schon Ende Mai.

VORKOMMEN
Die Kleine Zangenlibelle entwickelt sich in schnell fließenden Bächen, breiten Flüssen, sandigen Seen und in Seeausflüssen Die Art ist selten und hat heute bei uns nur noch wenige Fundorte. Sie ist stark gefährdet.

LEBENSWEISE
Die Männchen besetzen Steine am Ufer und erwarten dort das Auftauchen der Weibchen. Geschlechtsgenossen werden bekämpft.

Kleine Zangenlibelle, *Onychogomphus forcipatus forcipatus* ♂, Elpershofen/Jagst, Deutschland.

Kleine Zangenlibelle, *Onychogomphus forcipatus unguiculatus* ♀, Mas Thibert, Frankreich.

Große Zangenlibelle

Onychogomphus uncatus (Charpentier 1840)

KENNZEICHEN Die Große Zangenlibelle ist nur wenig größer als die Kleine Zangenlibelle. Von deren mitteleuropäischer Unterart ist sie leicht zu unterscheiden, da sie blaugrüne Augen und als Männchen gelbe Hinterleibszangen besitzt. Schwieriger wird die Trennung von *O. forcipatus unguiculatus.* Ein sicherer und auch in Fotos fast immer sichtbarer Unterschied ist oben auf dem Kopf zwischen den Komplexaugen erkennbar: Zwischen der gelben Stirn und einem gelben Fleck, der die beiden Augen miteinander verbindet, liegt bei der Großen Zangenlibelle eine breite, einfarbig schwarze Binde. Bei der Kleinen Zangenlibelle ist dagegen in diese Binde ein weiterer gelber Fleck eingebettet, der seitlich nicht bis zu den Augen reicht. Die schwarzen Thoraxstreifen, vor allem die Seitenbinden, sind außerdem bei der Großen Zangenlibelle viel breiter und ausgedehnter als bei *O. forcipatus unguiculatus.* Schließlich haben die Zangen des Männchens ein breites stumpfes Ende, während sie bei der kleineren Art gekerbt sind.

FLUGZEIT Die Flugzeit entspricht weitgehend der der Kleinen Zangenlibelle und reicht von Mitte Juni – in Südeuropa auch schon Ende Mai – bis August.

VORKOMMEN Die Große Zangenlibelle kommt offenbar nur an Fließgewässern vor. Sie bevorzugt steinige, schnell fließende Bäche und Flüsse. Diese mediterran weitverbreitete Libelle ist in Südfrankreich gebietsweise nicht selten. Sie tritt aber meist weniger zahlreich auf als die wohl immer mit ihr vergesellschaftete Schwesterart. In Mitteleuropa gab es bis vor wenigen Jahren eine isolierte Population am Hochrhein bei Schaffhausen. Dort wurde die Große Zangenlibelle über einen Zeitraum von fast 100 Jahren in z. T. Großen Individuenzahlen beobachtet. Inzwischen ist diese Population jedoch offenbar erloschen. Die letzte Beobachtung auf deutschem Boden datiert aus dem Jahr 1991, der letzte schweizerische Nachweis von 1979. Diese Libelle wird in der Roten Liste als „extrem selten, mit geografischer Restriktion" geführt.

LARVENSTADIUM Die Larve (siehe Foto S. 96 unten) ähnelt mehr noch als die der Kleinen Zangenlibelle der der Grünen Keiljungfer, da sie ebenfalls deutliche Dorsaldorne besitzt. Sie hat aber nur an den Segmenten 8 und 9 Lateraldorne.

LEBENSWEISE In Spanien kommt als dritte Art dieser Gattung noch *Onychogomphus costae* (Sélys, 1885) vor. Diese Zangenlibelle ist deutlich kleiner und fast einfarbig gelbbraun.

Große Zangenlibelle, *Onychogomphus uncatus*, Paarungsrad an einem Schilfhalm, Mas Thibert, Frankreich

Grüne Flussjungfer, (früher: Grüne Keiljungfer)

Ophiogomphus cecilia (Geoffroy in Fourcroy 1785)
(= *Ophiogomphus serpentinus* (Charpentier 1825))

KENNZEICHEN Die Grüne Flussjungfer unterscheidet sich deutlich von den übrigen Flussjungfern. Der Thorax ist grün mit schmalen schwarzen Streifen, das Abdomen schwarz-gelb gefleckt und auf Segment 1 und 2 schwarz-grün. Die Körperlänge beträgt 50–55 mm. Beim Männchen ist das Abdomen im Bereich der Segmente 8 und 9 deutlich keilförmig erweitert.

FLUGZEIT Die Flugzeit beginnt Anfang Juli und reicht oft bis in den Oktober.

VORKOMMEN Die Grüne Flussjungfer lebt vorzugsweise an sandigen Bächen mit bewaldeten Ufern. Sie reagiert, wie die meisten Arten dieser Familie, sehr empfindlich auf Ausbaumaßnahmen und Verunreinigungen der Gewässer. Gute Vorkommen gibt es zurzeit noch in der Lüneburger Heide, in der Pfalz, im nördlichen Bayern und in Ostdeutschland. Verschiedentlich wurde sie an Grenzbächen zu unseren östlichen Nachbarstaaten gefunden. Dabei handelt es sich offensichtlich um Gebiete, die aus wasserbaulicher Sicht „vernachlässigt" wurden. Wegen ihrer hohen Ansprüche ist die Art stark gefährdet.

LARVENSTADIUM Die Larve (siehe Foto S. 96 Mitte) ist nicht so flach wie die *Gomphus*-Larven Auf ihrem Abdomenrücken trägt sie deutliche, gebogene Dorsaldorne, an den Segmenten 7 bis 9 auch Lateraldorne. Wie bei den Larven der Zangenlibellen und der Larve der Zweigestreiften Quelljungfer reichen die Flügelscheiden schräg am Körper herunter. Die *Ophiogomphus*-Larve hält sich an vegetationsarmen Stellen des Bachgrunds in Sandbänken auf. Sie benötigt für ihre Entwicklung mehrere Jahre.

Grüne Flussjungfer, *Ophiogomphus cecilia* ♂, Roth, Deutschland.

Grüne Flussjungfer, *Ophiogomphus cecilia* ♀, Rotenburg, Deutschland.

Grüne Sandjungfer, (früher: Grüne Hakenlibelle)

Paragomphus genei (Sélys 1841)

KENNZEICHEN

Die Grüne Sandjungfer gehört mit einer Körperlänge von 37–50 mm und ca. 50 mm Flügelspannweite zu den kleineren Flussjungfern. Die Grundfärbung ist bei beiden Geschlechtern im Thoraxbereich hellgrünlich, am Hinterleib bräunlich. Das Männchen besitzt einen sehr schmalen Hinterleib, der sich kurz vor der Spitze (Segmente 8 und 9) blattartig verbreitert und am Ende zwei lange, hakenförmig nach unten gebogene Anhänge trägt.

FLUGZEIT

Die sehr lange Flugzeit beginnt im April und reicht bis in den Oktober. In Afrika sind die Tiere auch in der übrigen Zeit des Jahres zu beobachten.

VORKOMMEN

Die sehr wärmebedürftige Art lebt an verschiedenen stehenden und fließenden Gewässern, oft an den Restpfützen austrocknender Bäche und Flüsse. Sie ist in Europa nur im südlichen Mittelmeergebiet zu finden, außer im südlichen Spanien in Portugal, in Süditalien einschließlich Sardinien sowie auf Korsika. Außerhalb Europas tritt sie vor allem im tropischen Afrika recht häufig auf. Die auf das Tiefland beschränkte Art durchläuft nach dem Schlupf eine ca. vierwöchige Reifungszeit. Sie ist die häufigste Art ihrer Gattung in Afrika und aufgrund mehrerer Eigenschaften besonders an heiße, trockene Lebensräume angepasst. Als Larve durchläuft sie eine außergewöhnlich schnelle Entwicklung, die weniger als 60 Tage dauern kann. Dadurch können auch Gewässer zur Fortpflanzung genutzt werden, die nicht ständig Wasser führen. Ist dauerhaft Wasser vorhanden, werden enorme Individuendichten von bis zu 100 Larven pro Quadratmeter erreicht. Auch der Schlupf und die Verwandlung zur Imago ist nach durchschnittlich 20-40 Minuten vergleichsweise schnell vollzogen. Großer Hitze begegnet die Art mit der Obelisk-Stellung, wodurch der Körper entscheidend über die bis zu 60°C heiße Bodenoberfläche in kühlere Luftschichten gehalten wird.

Grüne Sandjungfer, *Paragomphus genei* ♂, Malpartida de Caceres, Spanien.

Eurasische Keulenjungfer, (früher: Asiatische Keiljungfer)

Gomphus flavipes (Charpentier 1825)
(= *Stylurus flavipes* (Schmidt 1987))

KENNZEICHEN Die Eurasische Keulenjungfer ist etwas schlanker und lang gestreckter als die Gemeine Keiljungfer (Körperlänge 50–55 mm). Im Gegensatz zu dieser sind bei ihr die schwarzen Beine in größerer Ausdehnung gelb gezeichnet. Ein markantes Merkmal sind die schwarzen Längsstreifen oben auf dem vorderen Thoraxabschnitt: Die drei schwarzen Streifen auf jeder Seite sind gleich weit voneinander entfernt, sodass zwischen ihnen jeweils gleich breite gelbe Streifen liegen. Bei allen übrigen *Gomphus*-Arten ist dagegen der erste helle Streifen breiter als der zweite, außen liegende. Die helle Grundfärbung ist beim ausgefärbten Männchen blassgelb, leicht ins Grünliche spielend, beim Weibchen dagegen leuchtend goldgelb.

FLUGZEIT Die Schlüpfzeit dieser Art erstreckt sich über einen recht langen Zeitraum, von Anfang Juni bis Anfang August. Die Flugzeit reicht noch bis Ende September.

VORKOMMEN Die Eurasische Keiljungfer bevorzugt die Unterläufe größerer Flüsse mit ganz feinen Bodenbestandteilen, während die Gemeine Keiljungfer mehr die Oberläufe der Bäche besiedelt. Beide Arten können aber auch gemeinsam an den gleichen Flussabschnitten auftreten. Die Asiatische Keiljungfer war in den westlichen Bundesländern lange Zeit verschollen. Der letzte Nachweis von der Elbe im Raum Hamburg stammte aus dem Jahr 1929. Sie hat sich in den letzten Jahren aber wieder bis zum Rhein hin ausgebreitet. Im östlichen Deutschland kommt sie nach wie vor gebietsweise noch in guten Beständen vor, so etwa im oberen Abschnitt der Spree und an der Oder. Sie ist sicher durch Gewässerverschmutzung gefährdet, doch ist der Grad ihrer Gefährdung derzeit unbekannt. Die sonst in Osteuropa und Asien beheimatete Art besitzt außerdem noch ein isoliertes, kleines Vorkommen in Südwestfrankreich.

LARVENSTADIUM Die Larve (siehe Foto S. 94 unten) ist durch ihre stark in die Länge gezogene Abdomenspitze kaum mit einer anderen *Gomphiden*-Larve zu verwechseln, höchstens mit der der Westlichen Flussjungfer. Während bei der Larve der Westlichen Keiljungfer das 9. Segment etwa ebenso lang wie breit ist, wird es bei Eurasischen Keulenjungfer fast doppelt so lang. Man findet die *flavipes*-Larve vorzugsweise in ruhigen Buchten, wo sie sich in den feinen Sandboden eingräbt.

Eurasische Keulenjungfer, *Gomphus flavipes* ♂, Beeskow, Deutschland.

Eurasische Keulenjungfer, *Gomphus flavipes* ♀, Beeskow, Deutschland.

Gestreifte Quelljungfer

Cordulegaster bidentata (Sélys 1843)

KENNZEICHEN Die Gestreifte Quelljungfer gleicht in der Größe der Zweigestreiften Quelljungfer. Die gelbe Zeichnung ist bei ihr etwas geringer entwickelt. So tragen die Segmente 4 bis 7 jeweils nur ein gelbes Fleckenpaar, bei der Zweigestreiften Quelljungfer dagegen zwei. Das Hinterhauptsdreieck ist schwarz, kann aber von hinten gelb gefleckt sein. Außerdem haben die oberen Anhänge unterseits zwei Zähnchen, bei der Zweigestreiften Quelljungfer nur eines.

FLUGZEIT Die Flugzeit reicht von Mai/Juni bis Anfang August.

VORKOMMEN Die Gestreifte Quelljungfer lebt meist an winzigen Quellrinnsalen. Besonders typisch sind Quellaustritte mit Kalktuffablagerungen. Oft handelt es sich dabei mehr um überrieselte Moospolster als um erkennbare Gewässer. Die Art galt früher als sehr selten, wurde bisher aber an vielen Orten übersehen, da man an ihren Fundplätzen im Allgemeinen keine Libellen vermutet. Inzwischen ist ihr Vorkommen für die meisten deutschen Mittelgebirge und das Alpenvorland belegt. Die Populationsgrößen sind aber meist sehr gering, und die Art kann in manchen Jahren ganz fehlen. Die größte Gefahr droht ihr vonseiten der Forstwirtschaft. Viele ihrer z. T. winzigen Entwicklungsgewässer sind durch Fichtenaufforstungen hochgradig bedroht. Sie ist daher stark gefährdet.

LARVENSTADIUM Die Larve (siehe Foto S. 98 oben) unterscheidet sich deutlich von der Larve der Zweigestreiften Quelljungfer. Sie hat keine Lateraldorne am Abdomen und parallel angeordnete Flügelscheiden. Sie benötigt vermutlich drei bis fünf Jahre zu ihrer Entwicklung.

BESONDERES Die Larve der Gestreiften Quelljungfer gräbt sich in den Boden ein, indem sie den Sand zur Seite schiebt und sich unter schüttelnden Bewegungen in die Vertiefung drückt, wobei die Bodenpartikel wieder über ihr zusammenfallen. Nur der Kopf, die Vorderbeine und die Analpyramide schauen dann noch aus dem Bachbett hervor.

Gestreifte Quelljungfer, *Cordulegaster bidentata* ♂, Grän, Österreich.

Gestreifte Quelljungfer, *Cordulegaster bidentata* ♀, Boden, Österreich.

Zweigestreifte Quelljungfer

Cordulegaster boltonii (Donovan 1807)
(= *Cordulegaster annulatus* (Latreille 1805))

KENNZEICHEN Das Weibchen der Zweigestreiften Quelljungfer erreicht bis 85 mm Körperlänge und wird damit größer als die großen Edellibellen. Beide Geschlechter gleichen sich in der Färbung. Der schwarze Thorax ist mit gelben Antehumeralstreifen und Seitenbinden gezeichnet. Das Abdomen trägt gelbe, meist in der Mitte unterbrochene Querbinden, eine breitere in der Mitte und eine schmalere am Hinterrand der Segmente. Das Hinterhauptsdreieck – hinten zwischen den Augen – ist gelb. Bei der Südeuropäischen Unterart *immaculifrons* (unteres Bild) sind die gelben Zeichnungen ausgedehnter als bei der mitteleuropäischen Stammart.

FLUGZEIT Die Flugzeit beginnt Anfang Juni und endet im August.

VORKOMMEN Die Zweigestreifte Quelljungfer lebt an Bergbächen und sandigen Tieflandbächen mit guter Wasserqualität, zum Teil an sehr schmalen Rinnsalen. An größeren Flüssen dagegen fehlt diese Libelle. Sie ist vor allem im Bereich der Mittelgebirge weit verbreitet, kommt aber auch in der Norddeutschen Tiefebene – z. B. in der Lüneburger Heide – und in den Alpen vor. Wie alle Fließwasserarten ist sie gegen Gewässerverunreinigung empfindlich und daher gefährdet.

LEBENSWEISE Die Männchen sieht man manchmal in größerer Zahl an schmalen Bachläufen entlangfliegen. Sie setzen sich auch häufiger ab. Die Weibchen sind dagegen nur selten zu beobachten. Die Eiablage geschieht im Flug. Das Weibchen bohrt dabei seinen Legebohrer – mit senkrecht gehaltenem Körper nach unten stoßend – ins seichte Bachbett.

Zweigestreifte Quelljungfer, *Cordulegaster boltonii* ♂, Bad Kohlgrub, Deutschland.

Zweigestreifte Quelljungfer, *Cordulegaster boltonii* immaculifrons ♂, Crau, Frankreich.

Griechische Quelljungfer

Cordulegaster helladica (Lohmann 1993)

KENNZEICHEN Diese erst 1993 beschriebene Art fliegt mit drei Unterarten im südlichen Griechenland. Sie ähnelt *Cordulegaster insignis*, hat jedoch immer grüne Augen. Männchen mit 68-78 mm, Weibchen mit 78-83 mm Körperlänge. Epiproct der Männchen trapezförmig (rechteckig bei *C. insignis*), die oberen Hinterleibsanhänge jenen von *C. insignis* sehr ähnlich. Große Ähnlichkeit bei der z. T. variablen Ausprägung der gelben Fleckenpaare auf dem Hinterleib.

FLUGZEIT Von Mitte Mai bis Mitte August.

VORKOMMEN Endemische Art im südlichen Griechenland. Kommt auf dem Peloponnes und dem sich nordöstlich anschließenden Gebiet vor.

LEBENSWEISE An schattigen Oberläufen von Gebirgsbächen mit kiesigem Untergrund.

Große Quelljungfer

Cordulegaster heros (Theischinger 1979)

KENNZEICHEN Die Große Quelljungfer ist mit einer Körperlänge von 77–84 mm und 110–120 mm Flügelspannweite die größte europäische Art dieser Familie. Das Hinterhauptsdreieck ist schwarz gefärbt, kann aber zwei gelbe Punkte tragen. Die Hinterleibssegmente 7 und 8 tragen nur eine gelbe Binde. Schmale zweite Binde auch auf den Segmenten 5 und 6 kann fehlen. Im Unterschied zu *C. boltonii* und *C. bidentata* sind die breiten mittleren Binden aber ausgedehnter und reichen seitlich bis zur Unterseite des Hinterleibs. Der deutlichste Unterschied: Die Antehumeralstreifen enden hinten an der Außenseite in einem deutlichen Winkel. Bei den anderen Arten erscheinen sie abgerundet.

FLUGZEIT Die Flugzeit reicht von Juni bis August.

VORKOMMEN Die Große Quelljungfer lebt im Bergland an sandigen oder steinigen Bächen. Ihr Verbreitungsgebiet reicht von Griechenland bis Österreich und Tschechien. Auf der Balkanhalbinsel anstatt der Zweigestreiften Quelljungfer, aber im Norden ihres Verbreitungsgebiets (Niederösterreich) auch gemeinsam. Fliegt auch mit der Gestreiften Quelljungfer am gleichen Gewässer. Von einem österreichischen Bach ist das Vorkommen aller drei Arten belegt. Bei Meldungen aus der Ukraine und aus Rumänien für *C. boltonii* könnte es sich auch um Verwechslungen mit dieser Art handeln.

LARVENSTADIUM Die Larve besitzt an den Hinterleibssegmenten 8 und 9 kürzere Lateraldorne als die Zweigestreifte Quelljungfer. Bei ihr sind, wie bei der Larve der Gestreiften Quelljungfer, die Flügelscheiden parallel ausgerichtet.

Große Quelljungfer, *Cordulegaster heros*, ruhendes ♂ an einer Distel in der Nähe des Entwicklungsgewässers, Bloke, Slovenien.

Türkische Quelljungfer

Cordulegaster insignis (Schneider, 1845)

KENNZEICHEN Die Augen dieser als Männchen 71-78 mm und als Weibchen 71-83 mm messenden Art sind stets blau (Ausnahme: Ägäis-Insel Ikaria: grün). Der untere Hinterleibsanhang der Männchen ist rechteckig, die Cerci ähneln jenen von *C. helladica*. Das gelbe Hinterhauptsdreieck und eine durch miteinander verbundene Fleckenpaare (auf Segment 3 bis 7) deutlich gelbere Färbung des Hinterleibs sind weitere Unterscheidungsmerkmale gegenüber der Griechischen Quelljungfer.

FLUGZEIT Im europäischen Verbreitungsgebiet von Mitte Mai bis Anfang August.

VORKOMMEN Die Art besiedelt den südöstlichen Balkan, Bulgarien, Nordostgriechenland und mehrere griechische Ägäis-Inseln. Darüber hinaus ist sie über die Türkei bis in den Iran und den Libanon anzutreffen.

LEBENSWEISE Lebensweise: Quellen und quellnahe Bereiche von Bächen sind typische Fortpflanzungshabitate.

Italienische Quelljungfer

Cordulegaster trinacriae (Waterston 1976)

KENNZEICHEN Ebenfalls mit grünen Augen, jedoch mit gelbem Hinterhauptsdreieck, gelber Stirn und gelbem Gesicht wartet diese große Quelljungfer-Art auf. Sie erreicht bei Männchen 73-79 mm, bei Weibchen 83-93 mm Körperlänge. Nachdem diese Art lange Zeit *C. boltonii* zugeordnet wurde, sind neben eindeutigen genetischen Analysen speziell die Hinterleibsanhänge zur Unterscheidung geeignet: die Cerci der *trinacriae*-Männchen sind länger als das Segment 10, ihr Epiproct am Hinterrand deutlich eingebuchtet. *Boltonii*-Männchen haben Cerci, die kürzer als ihr Segment 10 sind und ihr Epiproct ist lediglich leicht eingebuchtet.

FLUGZEIT Die Art fliegt von Juni bis August.

VORKOMMEN Endemisch für Sizilien und den Südwesten Italiens. In Mittelitalien kommt es zu einer Überlappung ihres Verbreitungsgebietes mit jenem von *C. boltonii*. Es sind Paarungen über die Artgrenze hinweg und Hybrid-Bildung dokumentiert.

LEBENSWEISE Die Art bewohnt bevorzugt teils beschattete Bäche in Wäldern mit einem Gewässerboden aus Geröll und Steinen, aber auch sandigen, schlammigen Bereichen

Gezeichnete Quelljungfer

Cordulegaster picta (Sélys 1854)

KENNZEICHEN

Stets grüne Augen, ein schwarzes Hinterhauptsdreieck mit zwei gelben Flecken und Antehumeralstreifen, die an ihrer oberen äußeren Ecke abgerundet sind, kennzeichnen diese dunkel erscheinende Art. Auf den Segmenten 2 bis 8 große gelbe Fleckenpaare, meist zu einer durchgängigen Binde verschmolzen. Hintere Fleckenpaare sehr klein und unscheinbar, sind auf Segment 2 und 3 immer vorhanden, können auf den Segmenten 4 bis 7 fehlen. Die Körperlänge beträgt 72-80 mm bei Männchen und 80-89 mm bei Weibchen. Die Cerci der Männchen sind länger als das Segment 10, schlank und nach außen weisend, während sie bei der ähnlichen *C. heros* kurz, kegelförmig und mit einem deutlichen Zahn an der Unterseite versehen sind.

FLUGZEIT

Die Art fliegt von Anfang Mai bis Anfang August.

VORKOMMEN

C. picta bewohnt nur den nordöstlichen Teil Griechenlands, den Südosten Bulgariens und die Inseln Thassos, Lesbos und Samos. Die weitere Verbreitung erstreckt sich bis Aserbaidschan.

LEBENSWEISE

Ähnlich der Türkischen Quelljungfer. Bevorzugt quellnahe Bereiche von beschatteten Bächen. Bevorzugt eher den unteren Gewässerbereich.

Gekielter Flussfalke, (früher: Gekielte Smaragdlibelle)

Oxygastra curtisii (Dale 1834)

KENNZEICHEN: Die Art trägt auf der Oberseite aller Hinterleibssegmente auffallende gelbe Längsflecke. Thorax und Abdomen sind ansonsten metallisch grün. Das Abdomen ist schlank und erst bei den letzten Segmenten deutlich erweitert, sodass die Libelle etwas an eine Keiljungfer erinnert. Das Männchen besitzt oben auf dem 10. Segment einen deutlichen Mittelkiel. (Name!)

FLUGZEIT: Die Flugzeit reicht von Juni bis August.

VORKOMMEN: Die Art ist westmediterran mit einem Schwerpunkt in Südwestfrankreich verbreitet, erreicht nach Norden aber auch einen deutsch-luxemburgischen Grenzfluss.

Flussherrscher (früher: Europäischer Flussherrscher und/oder Große Falkenlibelle)

Macromia splendens (Rambur 1842)

KENNZEICHEN: Diese mit 70–75mm Körperlänge eindrucksvolle Libelle ähnelt den Quelljungfern, Männchen mit gelben Bilden an den vorderen und hinteren Segmenten und am Ende keulig erweiterten Hinterleib. Ringe beim Weibchen gebändert.

FLUGZEIT: Die Flugzeit reicht von Ende Mai bis Mitte August.

VORKOMMEN: Der Flussherrscher lebt nur auf der Iberischen Halbinsel und im südwestlichen Frankreich, Verbreitungsschwerpunkte liegen im Massiv Central und in Nordportugal. Seit einigen Jahren werden stetig weitere Populationen gefunden.

LEBENSWEISE: Die Art kommt an ihren Fundorten immer nur in geringer Anzahl vor. Habitate sind saubere, warme Flüsse mit schattigen Ufern und Zonen unterschiedlicher Fließgeschwindigkeit.

Gekielter Flussfalke, *Oxygastra curtisii* ♂, Gardon Mialet, Frankreich.

Flussherrscher, *Macromia splendens* ♂, Gardon Mialet, Frankreich.

Falkenlibelle, (früher: Gemeine Smaragdlibelle)

Cordulia aenea (Linnaeus 1758)
(= *Cordulia aeneaturfosa* (Förster 1902))

KENNZEICHEN Die Falkenlibelle erreicht 50–55 mm Körperlänge. Ihr Körper glänzt metallisch dunkelgrün bis kupfern. Die Augen leuchten smaragdgrün. Beim Männchen ist das Abdomen nach hinten keulig verdickt und die breiteste Stelle liegt zwischen dem 7. und 8. Segment. Das Weibchen hat ein zylindrisches Abdomen ohne auffallende Legeröhre.

FLUGZEIT Die Flugzeit beginnt Anfang Mai und endet Anfang August.

VORKOMMEN Die Falkenlibelle bewohnt vorzugsweise kleinere Seen und Weiher, oft auch extensiv bewirtschaftete Fischteiche. In Deutschland ist sie weit verbreitet, wird aber nach Norden etwas seltener. Sie steht derzeit auf der Vorwarnliste. Diese Libelle ist ein sehr ausdauernder Flieger. Nur selten sieht man die Männchen sitzen. Sie patrouillieren an den Gewässerufern entlang auf der Suche nach Weibchen.

LARVENSTADIUM Die Larve (siehe Foto S. 99 oben) hat auffallend lange Beine und ein etwas abgeflachtes, breites Abdomen. Die Dorsaldorne sind niedrig und fallen kaum auf. Die Entwicklung ist meist zweijährig. Im zweiten Jahr überwintert das letzte Larvenstadium.

LEBENSWEISE Die Weibchen halten sich zur Eiablage meist an versteckten Stellen im Schilfgürtel auf. Sie werfen die Eier im Schwirrflug durch wippende Bewegungen des Abdomens ins Wasser.

Falkenlibelle, *Cordulia aenea* ♂, Oberfahlheim, Deutschland.

Falkenlibelle, *Cordulia aenea* ♂ im Flug, Oberfahlheim, Deutschland

Zweifleck

Epitheca bimaculata (Charpentier 1825)

KENNZEICHEN

Dem 55–60 mm großen Zweifleck fehlen die grünen Metallfarben der übrigen Falkenlibellen. Der Thorax ist dunkelbraun, das Abdomen hellbraun mit breiter schwarzer, gezackter Längsbinde in der Rückenmitte. An der Basis der Hinterflügel befindet sich ein großer schwarzer Fleck. Die Art erinnert sehr an den Vierfleck und an das Weibchen des Spitzenflecks. Sie ist aber größer.

BESONDERES

Bei der Eiablage lässt das Weibchen zunächst aus der Genitalöffnung einen Gallertklumpen hervorquellen, fliegt dann zum Wasser und taucht die Abdomenspitze ein. Dabei entrollt sich im Wasser ein ca. 20 cm langer, gallertiger Eistrang mit 1500 bis 2000 Eiern.

FLUGZEIT

Die Flugzeit ist ungewöhnlich kurz. Sie reicht von Ende Mai bis Ende Juni.

VORKOMMEN

Der Zweifleck lebt an großen sauberen Seen. Die Art wurde in jüngster Zeit nur selten gefunden, und wenn, dann vor allem in Ostdeutschland. Sie ist stark gefährdet. Sie ist aber auch schwer nachzuweisen, da die Männchen weit entfernt vom Ufer über dem offenen Wasser fliegen und sich selten setzen. Einfacher als durch die direkte Beobachtung ist ein Nachweis durch die markanten Exuvien.

Zweifleck, *Epitheca bimaculata*, junges ♂, Kl. Ursee, Baden-Württemberg.

Zweifleck, *Epitheca bimaculata*, junges ♀, Kl. Ursee, Baden-Württemberg.

Alpen-Smaragdlibelle

Somatochlora alpestris (Sélys 1840)

KENNZEICHEN Die Alpen-Smaragdlibelle ist etwas kleiner als die Gefleckte und die Glänzende Smaragdlibelle (45–50 mm Körperlänge). Ihr Thorax glänzt metallisch grün. Das Abdomen ist mattschwarz und glänzt nur etwas an der Basis. An den Hinterrändern des 2. und 3. Abdominalsegments sind schmale weiße Ringe als helle Zeichnungen entwickelt. Diese Ringe sind in der Rückenmitte unterbrochen. Das Weibchen besitzt außerdem einen kleinen weißen Seitenfleck auf Segment 2. Sehr auffallend sind auch bei dieser Libelle die leuchtend blaugrünen Augen.

FLUGZEIT Die Flugzeit beginnt Ende Juni und erstreckt sich bis in den September.

VORKOMMEN Die Alpen-Smaragdlibelle ist bei uns, wie die Alpen-Mosaikjungfer, *Aeshna caerulea*, eine Libelle der alpinen Moore. Sie wird nur selten in Höhen von weniger als 1000 m gefunden, geht aber andererseits bis auf über 2000 m. Sie kommt sehr selten im Harz, im Schwarzwald und in den Allgäuer Alpen vor. Nur an einer Stelle, im Murnauer Moos, wurde sie auch im Alpenvorland gefunden. Vielleicht ließen sich bei intensiver Suche noch weitere alpine Fundorte entdecken. Durch die landschaftsverändernden Maßnahmen zur Förderung des Skitourismus sind aber sehr viele alpine Moore, die vielfach nur winzige Flächen bedecken, heute hochgradig bedroht. Die Alpen- Smaragdlibelle ist daher bei uns inzwischen vom Aussterben bedroht.

LARVENSTADIUM Die Larve (siehe Foto S. 101 unten) hat weder Dorsal- noch Lateraldorne und ähnelt dadurch sehr der Larve der Arktischen Smaragdlibelle. Die Abdominalsegmente sind bei der Larve der Alpen-Smaragdlibelle nur an den Rändern mit langen Haaren besetzt, während sie bei der Arktischen Smaragdlibelle auf der ganzen Fläche lang behaart sind.

Alpen-Smaragdlibelle, *Somatochlora alpestris* ♂, Ellmau, Österreich.

Alpen-Smaragdlibelle, *Somatochlora alpestris* ♀, Stelserberg, Schweiz.

Arktische Smaragdlibelle

Somatochlora arctica (Zetterstedt 1840)

KENNZEICHEN Der Thorax dieser Art glänzt grünmetallisch. Abdomen mattschwarz oder leicht bronzeglänzend. Männchen mit gelben Seiten und an Segment 2 einem gelben Hinterrand. Weibchen mit einem gelben Fleck an der Seite von Segment 3. Unterschied besteht in der Form der oberen Anhänge des Männchens. Sie laufen bei der Arktischen Smaragdlibelle an der Basis parallel und sind in der distalen Hälfte wie zu einem Ring nach innen gebogen. Bei der Alpen-Smaragdlibelle sind sie auf ganzer Länge pinzettenartig nach innen gebogen und außen leicht gezähnt.

FLUGZEIT Die Flugzeit reicht von Ende Juni bis Mitte September.

VORKOMMEN Die Arktische Smaragdlibelle entwickelt sich in Moorschlenken wie torfmooshaltige Hoch- oder Zwischenmoorgewässer und nur vereinzelt in Flachmoorschlenken. Bei uns in den Mooren der Norddeutschen Tiefebene, in verschiedenen Mittelgebirgen und im Alpenvorland. In den Alpen gebietsweise bis auf fast 2000 m. An vielen höheren Fundorten gemeinsam mit der Alpen-Smaragdlibelle. Sie ist bei uns stark gefährdet.

LARVENSTADIUM Die Larve (siehe Foto S. 101 oben) ist nicht einfach von der Larve der Alpen- Smaragdlibelle zu unterscheiden. Sie ist aber auf der ganzen Fläche der Abdominalsegmente auffallend behaart. Man findet sie in fast trockenen, nur gerade mit Wasser befeuchteten Torfmoospolstern.

Bulgarische Smaragdlibelle, (früher: Thrakische Smaragdlibelle, Rhodopen-Smaragdlibelle)

Corduliochlora borisi (Marinov 2001), (früher: *Somatochlora borisi*)

KENNZEICHEN Die ehemals der Gattung *Somatochlora* zugeordnete Art wurde erst 2001 beschrieben. Sie ist mit 45-49 mm mittelgroß und wie alle Falkenlibellen metallisch dunkelgrün gefärbt. Ihre Stirn weist gelbe Seitenflecken auf und ist in Seitenansicht nahezu flach, im Gegensatz zu der stets vorgewölbten Stirn in den Gattungen *Cordulia* und *Somatochlora*. Feine Unterschiede finden sich auch in den Geschlechtsorganen.

FLUGZEIT Die Art fliegt zwischen Anfang Mai und Anfang Juli.

VORKOMMEN Das äußerst kleine Verbreitungsgebiet befindet sich im südöstlichen Balkan. Die Art ist endemisch in Bulgarien, Griechenland und der Türkei.

LEBENSWEISE Langsam fließende Bäche und Flüsse im bewaldeten Tiefland mit feuchtem, warmem Klima, oft in Tälern und Schluchten gelegen, sind charakteristisch.

Arktische Smaragdlibelle, *Somatochlora arctica* ♂, Nauders, Österreich.

Arktische Smaragdlibelle, *Somatochlora arctica*, junges ♀, Seewies, Schweiz.

Gefleckte Smaragdlibelle

Somatochlora flavomaculata (Vander Linden 1825)

KENNZEICHEN Die Art gleicht in der Größe etwa der Glänzenden Smaragdlibelle. Abdomen ist dunkler, fast schwarz, und weniger glänzend. Segmentseiten beim Männchen mit kleinen dreieckigen Flecken, zunächst gelblich, später braun gefärbt. Beim alten Männchen sind diese Flecke kaum noch erkennbar. Weibchen an den Seiten der Abdominalsegmente mit sehr großen gelben Dreiecken, auch von oben sichtbar.

FLUGZEIT Die Flugzeit dieser Art reicht von Ende Mai bis in den September.

VORKOMMEN Die Gefleckte Smaragdlibelle bewohnt sumpfige Wiesen und Flachmoore, nicht dagegen typische Hochmoore. Fliegt nur selten über offenen Gewässern. Meist sieht man die Männchen auf Wegen oder über Schwingrasen hin und her patrouillieren. Entwicklungsgewässer sind verwachsene Gräben, kleine Moortümpel und gelegentlich dicht bewachsene Teiche. Die Art ist in Deutschland weit verbreitet, und z. B. im Alpenvorland, häufiger anzutreffen. Sie gilt als gefährdet.

LARVENSTADIUM Die Larve (siehe Foto S. 100 oben) ähnelt durch ihre langen Dorsaldorne der Larve der Glänzenden Smaragdlibelle. Dorne schräg nach hinten gerichtet und nicht so stark gebogen wie bei dieser. Larve der Gefleckten Smaragdlibelle am 8. Segment mit kurzen, am 9. langen Lateraldornen. Bei der Glänzenden Smaragdlibelle sind diese Dorne an beiden Segmenten kurz. Entwicklungsdauer etwa drei Jahre.

Balkan-Smaragdlibelle

Somatochlora meridionalis (Nielsen 1935)

KENNZEICHEN Die früher als Unterart von *S. metallica* betrachtete Art wird aktuell als eigenständige Art angesehen. Sie zeigt an der Brustseite einen länglichen mattgelben Fleck (*metallica*: ohne) und ein tiefschwarzes Pterostigma (*metallica*: braun). Die Basis der Hinterflügel (Analfeld) ist in beiden Geschlechtern völlig farblos (*metallica*: bernsteinfarben). Es sind Individuen mit einer Mischung dieser Merkmale gefunden worden.

FLUGZEIT Je nach Population zwischen Anfang Juni bis Mitte September.

VORKOMMEN *S. meridionalis* findet sich auf Korsika, in Südostfrankreich, Mittelitalien und Griechenland. Ihr Schwerpunkt liegt auf dem gesamten Balkan bis zur West-Türkei und nordöstlich bis zur polnischen Grenze und in die Südwestukraine.

LEBENSWEISE Die Art bevorzugt für die Reproduktion beschattete Bach- und Flussläufe in niedriger Höhenlage, die zeitweise fast völlig trockenfallen können.

Gefleckte Smaragdlibelle, *Somatochlora flavomaculata* ♂, Alp Flix, Schweiz.

Gefleckte Smaragdlibelle, *Somatochlora flavomaculata* ♀, Wetzikon, Schweiz.

Glänzende Smaragdlibelle

Somatochlora metallica (Vander Linden 1825)

KENNZEICHEN

Die Glänzende Smaragdlibelle ist nicht leicht von der vorangegangenen Art zu unterscheiden. Sie wird etwas größer – bis zu 60 mm – und hat eine noch stärker glänzende, reingrüne bis goldgrüne Metallfärbung. Das Abdomen des Männchens ist wie bei den übrigen *Somatochlora*-Arten in der Mitte – also zwischen den Segmenten 5 und 6 – am breitesten. Das Weibchen dieser Art hat eine einzigartige, rechtwinklig nach unten abstehende, 3 mm lange Legeröhre. Bei der Eiablage nimmt es eine auffällige Haltung ein: Es biegt die Abdominalsegmente 9 und 10 rechtwinklig nach oben, sodass sie die gerade Fortsetzung der am Hinterrand von Segment 8 nach unten abstehenden Legeröhre bilden. Diese sieht aus wie eine nach hinten offene Rinne. Es taucht im Rüttelflug unter wippenden Bewegungen des Abdomens die Legeröhre ins Wasser. Die austretenden Eier werden abgestreift.

FLUGZEIT

Die Flugzeit liegt später als bei der Gemeinen Smaragdlibelle. Sie beginnt zum Teil Ende Mai, hat ihren Höhepunkt aber erst im Juli und August und endet im September.

VORKOMMEN

Die Glänzende Smaragdlibelle bewohnt wie die Gemeine Smaragdlibelle vorzugsweise stehende Gewässer mittlerer Größe. Beide Arten kommen oft gemeinsam vor Besonders regelmäßig trifft man diese Libelle an Teichen mit bewaldeten Ufern. Sie ist bei uns gleichmäßig verbreitet, aber meist etwas seltener als die Gemeine Smaragdlibelle. In Norddeutschland ist sie dagegen die häufigere Art.

LARVENSTADIUM

Die Larve (siehe Foto S. 99 unten) ist kräftiger, aber etwas schmaler als die der Gemeinen Smaragdlibelle Sie besitzt außerdem sehr auffällige, deutlich gebogene Dorsaldorne. Die Entwicklungsdauer beträgt zwei bis drei Jahre.

Glänzende Smaragdlibelle, *Somatochlora metallica*, junges ♂, Humlangen, Deutschland.

Glänzende Smaragdlibelle, *Somatochlora metallica*, junges ♀, Rüti, Schweiz.

Treuer Kurzpfeil, (früher: Nördlicher Gebändeter Kurzpfeil)

Brachythemis impartita (Karsch 1890)

KENNZEICHEN

Der Treue Kurzpfeil ist mit 25–34 mm Körperlänge und 40–50 mm Flügelspannweite eine der kleinsten Segellibellen. Kurz nach dem Schlüpfen fehlt dem Männchen noch die dunkle Flügelbinde. Diese bildet sich erst nach einigen Tagen aus. Die zunächst gelbbraune Körperfärbung wird in dieser Zeit tiefschwarz, am Thorax mit grauweißer Behaarung. Das gelbbraun gefärbte, am Hinterleib dunkel längs gestreifte Weibchen bildet in Europa nur selten dunkle Flügelbinden aus, in Afrika dominieren dagegen gebietsweise solche Exemplare. Beide Geschlechter besitzen gelblich weiße, zur Flügelspitze hin aber schwarz begrenzte Flügelmale.

FLUGZEIT

Die Flugzeit reicht von April bis Oktober.

VORKOMMEN

Die ausgesprochen wärmebedürftige Art ist im tropischen Afrika heimisch und kommt in Europa nur an einigen der wärmsten Orte in Südspanien, auf Sardinien und Sizilien vor. Sie entwickelt sich in sehr warmen, flachen Gewässern, gern z. B. in Tümpel, die als Viehtränke genutzt werden.

LEBENSWEISE

Die Tiere fliegen gern in kleinen Schwärmen dicht über dem Erdboden. Sie begleiten dabei sehr gern Menschen oder größere Säugetiere. Ziel dieses Verhaltens ist offenbar die Jagd auf Insekten, die von diesen aufgescheucht werden.

Treuer Kurzpfeil, *Brachythemis impartita* ♂, Alcantara, Spanien.

Treuer Kurzpfeil, *Brachythemis impartita* ♀, Alcantara, Spanien.

Feuerlibelle

Crocothemis erythraea (Brullé 1832)

KENNZEICHEN Die Feuerlibelle entspricht mit ihren 40–45 mm Körperlänge und durch das verbreiterte Abdomen den kleinen Arten der Blaupfeile (Gattung *Orthetrum*), erinnert durch die leuchtend rote Färbung des Männchens aber mehr an die Heidelibellen der Gattung *Sympetrum*. Körper und Thorax, Augen und Stirn des reifen Männchens leuchtend feuerrot. Körper des Weibchens gelbbraun. Von den Weibchen der Blaupfeile unterscheidet es sich durch den abstehenden Legebohrer. Hinterflügel bei beiden Geschlechtern mit großem, Vorderflügel mit kleinem gelben Basisfleck. Weiteres Unterscheidungsmerkmal: Schwarze Markierungen an den Beinen fehlen.

FLUGZEIT In Mitteleuropa zwischen Ende Juni und Mitte August, im Mittelmeergebiet zwischen Mai und Oktober

VORKOMMEN Diese Wanderlibelle ist eine typische, weit verbreitete Art des Mittelmeergebiets. In warmen Sommern fliegt sie zahlreich nach Mitteleuropa ein. Man trifft sie an vielen Orten. In der Oberrheinischen Tiefebene ist sie schon seit etwa 20 Jahren in ununterbrochener Folge zu finden. Ihre typischen Lebensräume sind Altwasser und Sandgrubengewässer, besonders solche in klimatisch begünstigten Gebieten.

LARVENSTADIUM Die Imago kommt den Blaupfeilen nahe, die Larve (siehe Foto S. 104 unten) ähnelt der der Heidelibellen. Ihr Kopf ist wie bei diesen hinter den Augen verschmälert. Wie die Larve der Frühen Heidelibelle aber im Gegensatz zu allen übrigen *Sympetrum*-Arten, besitzt sie keine Dorsaldorne und sehr kurze Lateraldorne an den Segmenten 8 und 9. Entwicklung: Meist ein Jahr, im Mittelmeergebiet zwei Generationen im Jahr möglich.

Glänzender Schwarzpfeil

Diplacodes lefebvrii (Rambur 1842)

KENNZEICHEN Die Färbung dieser mit 25-34 mm Körperlänge kleinen Segellibelle variiert im Laufe ihres Lebens sehr stark. Die Männchen sind stets weitgehend schwarz, die jungen Weibchen überwiegend gelb mit schwarzer Zeichnung. Sie dunkeln erheblich nach.

FLUGZEIT In Südeuropa von April bis November, im tropischen Afrika ganzjährig.

VORKOMMEN Im Süden Portugals und im Südwesten Spaniens, auf Rhodos und Zypern besiedelt D. lefebvrii europäisches Terrain, ist aber in großen Teilen Afrikas und östlich bis Indien anzutreffen.

LEBENSWEISE Diese Art fliegt bodennah über Gewässer und auch im Umland. Sie sitzt in niedriger Vegetation, am Boden oder auf schwimmenden Algenmatten.

Feuerlibelle, *Crocothemis erythraea* ♂, Figueres, Spanien.

Feuerlibelle, *Crocothemis erythraea* ♀, Winterthur, Schweiz.

Östliche Moosjungfer

Leucorrhinia albifrons (Burmeister 1839)

KENNZEICHEN

Die Östliche Moosjungfer gleicht bezüglich Größe und Färbung der Zierlichen Moosjungfer. Ihr fehlt aber die für diese kennzeichnende, keulenförmige Verbreiterung des Abdomens. Das Männchen ist schwarzbraun gefärbt, das gleichmäßig schmale Abdomen auf den Segmenten 3 und 4 hellblau bereift. Die oberen Anhänge sind weiß. Das Pterostigma ist schwarz, nur außen von weißen Adern begrenzt. Die Stirn kann, anders als bei den übrigen Arten aus der Gattung *Leucorrhinia*, etwas verdunkelt sein. Das Weibchen gleicht dem Männchen in der Färbung der Hinterleibsanhänge und Flügelmale. Sein Abdomen ist auf dem 2. und 3. Segment mit einem gelben Querfleck, auf dem 4. bis 6. mit einem Längsfleck und zusätzlich auf dem 3. und 4. Segment mit einem gelben Basalring gezeichnet.

FLUGZEIT

Die Flugzeit liegt zwischen Mitte Mai und Ende Juli.

VORKOMMEN

Die Östliche Moosjungfer ist wie die Zierliche Moosjungfer eine eher östlich verbreitete Libellenart. In Mitteleuropa zählt sie zu den größten Seltenheiten. Sie bewohnt ähnliche Gewässer wie die verwandte Art, kann aber ebenso an schwimmblattfreien, mit Schilf gesäumten Gewässern vorkommen. Neue deutsche Funde dieser akut vom Aussterben bedrohten Art sind nur aus Ostdeutschland und aus dem bayerischen Voralpenraum bekannt.

LARVENSTADIUM

Die Larve (siehe Foto S 106 oben) hat Dorsaldorne auf den Abdominalsegmenten 3 bis 7. Dies kann als Unterscheidungsmerkmal zur Larve der Zierlichen Moosjungfer dienen. Diese trägt Dorsaldorne auf den Segmenten 3 bis 9. Auch sind die Dorsaldorne bei der Östlichen Moosjungfer kürzer und ihr fehlt der Lateraldorn am 7. Segment. Die dunkle Zeichnung auf der Ventralseite des Abdomens ist, wenn überhaupt, nur schwach entwickelt.

LEBENSWEISE

Die Männchen dieser Libelle setzen sich normalerweise nicht, wie die Männchen der Zierlichen Moosjungfer, auf Schwimmblätter, sondern auf aus dem Wasser ragende Schilfhalme oder trockene Äste. Oft sieht man sie auch auf dem nackten Boden, vor allem auf Kiesboden, sitzen.

Östliche Moosjungfer, *Leucorrhinia albifrons* ♂, Butzen, Deutschland.

Östliche Moosjungfer, *Leucorrhinia albifrons*, frisch geschlüpftes ♀, Weilheim, Deutschland.

Zierliche Moosjungfer

Leucorrhinia caudalis (Charpentier 1840)

KENNZEICHEN Die Zierliche Moosjungfer erreicht eine Körperlänge von ca. 30 mm. Wie alle Moosjungfern besitzen beide Geschlechter eine leuchtend weiße Stirn. Das Männchen ist schwarzbraun gefärbt und auf den Abdominalsegmenten 3–5 hellblau bereift. Das Abdomen ist im hinteren Abschnitt abgeflacht und stark keulig verbreitert. Die oberen Anhänge sind weiß, ebenso die Oberseiten der Flügelmale. An der Basis der Hinterflügel befindet sich ein schwarzer, gelb gesäumter Fleck. Das Weibchen ähnelt dem Männchen in der Form des Abdomens, ihm fehlt aber die blaue Bereifung. Das Abdomen ist dafür auf der Oberseite der Segmente 2 bis 6 mit großen gelben Flecken gezeichnet. Die oberen Anhänge sind wie beim Männchen weiß, die Flügelmale aber schwarzbraun. In manchen Gegenden Norddeutschlands treten gelegentlich Weibchen mit dunklen Binden vor den Flügelspitzen auf.

FLUGZEIT Die Flugzeit reicht von Mitte Mai bis Anfang Juli.

VORKOMMEN Die Zierliche Moosjungfer hat ihren Verbreitungsschwerpunkt in Osteuropa. In Mitteleuropa ist sie sehr selten. Ihr typischer Lebensraum sind Altwasser und Weiher mit reicher Schwimmblattvegetation, ähnlich wie beim Großen und Kleinen Granatauge, Erythromma najas und E. viridulum. In den letzten Jahren wurde sie nur noch in der Oberrheinischen Tiefebene, in Bayern und in Ostdeutschland gefunden. Erfreulicherweise tauchte sie dann aber ab 2009 an verschiedenen Stellen im Bremer Raum, in Schleswig-Holstein und in der Lüneburger Heide wieder auf, in Gegenden, aus denen es seit vielen Jahren keine Nachweise mehr gab (Deubelius & Jödicke 2010). Die Art gilt aber dennoch weiterhin bei uns als vom Aussterben bedroht.

LARVENSTADIUM Die Larve (siehe Foto S. 106 unten) erinnert durch ihr breites, abgeflachtes Abdomen und die langen Beine an die der Gemeinen Smaragdlibelle, *Cordulia Aenea*. Sie besitzt lange gebogene Dorsaldorne auf den Segmenten 3 bis 9 und an Länge zunehmende Lateraldorne an den Segmenten 7 bis 9. Die Ventralseite des Abdomens ist meistens dunkel quer gebändert.

LEBENSWEISE Die Männchen setzen sich vorzugsweise auf die Schwimmblätter der Teichrosen (*Nuphar*) und Seerosen (*Nymphaea*), meist weit vom Ufer entfernt. Kurz nach der Landung richten sie ihr Abdomen steil empor und heben die Flügel etwas an. Offenbar präsentieren sie dadurch ihre leuchtend weißen „Positionslichter", nämlich die Hinterleibsanhänge, die Flügelmale und die Stirn.

Zierliche Moosjungfer, *Leucorrhinia caudalis* ♂, Reusstal, Schweiz.

Zierliche Moosjungfer, *Leucorrhinia caudalis* ♀, Reusstal, Schweiz

Kleine Moosjungfer

Leucorrhinia dubia (Vander Linden 1825)

KENNZEICHEN Die Kleine Moosjungfer übertrifft die Zierliche Moosjungfer und die Östliche Moosjungfer in der Körperlänge (30–40 mm), hat aber eine etwas geringere Flügelspannweite. Das Männchen besitzt auf dem schwarzen Thorax braune Antehumeralstreifen und blutrote Flecke im Flügelzwischenraum. Die Abdominalsegmente 2 und 3 tragen große, die Segmente 4 und 5 sehr kleine, oft kaum sichtbare rote Flecke. Auf den Segmenten 6 und 7 liegen wieder größere, bis etwas über die Segmentmitte reichende Zeichnungen. Der ebenfalls schwarze Körper des Weibchens ist hellgelb gemustert. Die Segmente 2 bis 5 tragen jeweils drei nebeneinanderliegende Farbtupfer, die beiden folgenden nur je einen.

FLUGZEIT Die Flugzeit beginnt Anfang Mai und endet Anfang August.

VORKOMMEN Die Kleine Moosjungfer ist die häufigste Vertreterin aus der Gattung der Moosjungfern und eine typische Art der Hochmoorgewässer. Sie ist aber nicht ausschließlich ans Hochmoor gebunden. Man findet sie vor allem an torfmoosreichen Moorweihern und wieder vernässten Torfstichen. In der Norddeutschen Tiefebene kommt sie noch recht häufig vor. Im mittleren Teil der Bundesrepublik beschränkt sich ihr Vorkommen weitgehend auf die Moore der höheren Mittelgebirgslagen. In Süddeutschland bewohnt sie die Moorgebiete des Schwarzwalds und des Alpenvorlands. Auch in den Alpen kommt sie an geeigneten Orten recht häufig vor. Sie gilt aber mittlerweile als stark gefährdet.

LARVENSTADIUM Die Larve (siehe Foto S. 109 Mitte) ähnelt den Larven der Heidelibellen. Sie hat jedoch nur schwach entwickelte Dorsaldorne auf den Segmenten 4 bis 6 und kurze Lateraldorne an den Segmenten 8 und 9. Über die helle Ventralseite des Abdomens verlaufen drei dunkle Längsbinden. Im Gegensatz zu den Heidelibellen-Larven hat sie, wie alle Larven der Moosjungfern, eine zweijährige Entwicklung. Die zweite Überwinterung erfolgt im letzten Stadium.

LEBENSWEISE An ihren Fundorten ist die Kleine Moosjungfer meist die dominierende Libellenart des Frühsommers. Die Paarung findet in nächster Nähe des Gewässers statt. Nach der Trennung fliegt das Weibchen zum Wasser zurück und wirft, wie alle Moosjungfern, ohne Begleitung durch das Männchen die Eier mit wippenden Bewegungen des Abdomens ab. Die Larven schlüpfen noch im gleichen Sommer.

Kleine Moosjungfer, *Leucorrhina dubia* ♂, Fetzachmoos, Deutschland

Kleine Moosjungfer, *Leucorrhina dubia* ♀, Fetzachmoos, Deutschland.

Große Moosjungfer

Leucorrhinia pectoralis (Charpentier 1825)

KENNZEICHEN Die Große Moosjungfer gleicht der Nordischen Moosjungfer in der Körperlänge, ist aber etwas kräftiger gebaut. Das junge Männchen trägt auf der Oberseite der Abdominalsegmente 2 bis 7 ausgedehnte gelbe Zeichnungen, die aber mit Ausnahme des hintersten hellen Flecks nach wenigen Tagen dunkelbraun werden. So besitzt das reife Männchen auf dem 7 Segment ein gelb leuchtendes „Schlusslicht“. Ansonsten ist der Körper verwaschen schwarz und dunkelbraun gezeichnet. Das sehr kräftige Weibchen ist mit auffallend großen, dottergelben Hinterleibsflecken ausgestattet. Im Vergleich zum Weibchen der Nordischen Moosjungfer sind diese Flecke breiter und satter in der Färbung.

FLUGZEIT Die Flugzeit reicht von Mitte Mai bis Ende Juli.

VORKOMMEN Die Große Moosjungfer ist keine typische Hochmoorlibelle Sie entwickelt sich vor allem in etwas nährstoffreicheren Zwischenmoortümpeln, in denen als typische Pflanze meist das Schwimmende Laichkraut (Potamogeton natans) vorkommt. Sie ist fast überall in Mitteleuropa verbreitet, aber insgesamt selten und fast immer in geringer Individuenzahl anzutreffen. Durch gezielte Pflegemaßnahmen ist es aber möglich, die stark gefährdete Art zu fördern (Wildermuth 1986c).

LARVENSTADIUM Die Larve (siehe Foto S. 109 unten) ähnelt der Larve der Kleinen Moosjungfer, *Leucorrhinia dubia*, ist aber etwas größer. Sie trägt Dorsaldorne auf den Abdominalsegmenten 3 bis 8. Die dunkle Zeichnung der Bauchseite ist oft nur schwach entwickelt und besteht aus kurzen, schmalen Strichen.

Große Moosjungfer, *Leucorrhinia pectoralis* ♂, Dammendorf, Deutschland.

Große Moosjungfer, *Leucorrhinia pectoralis* ♀, Illmitz, Österreich.

Nordische Moosjungfer

Leucorrhinia rubicunda (Linnaeus 1758)

KENNZEICHEN Die Nordische Moosjungfer sieht der Kleinen Moosjungfer zum Verwechseln ähnlich. Die Nordische Moosjungfer ist jedoch etwas größer. (35–45 mm) und schlanker, vor allem das Männchen. Bei den Männchen beider Arten lassen sich in der Thoraxzeichnung keine Unterschiede finden. Die Zeichnungen auf dem Abdomen der Nordischen Moosjungfer sind aber deutlich ausgedehnter. So sind auch auf den Segmenten 4 und 5 immer deutliche Flecke entwickelt, und die Zeichnungen auf den Segmenten 6 und 7 erreichen gut zwei Drittel der Segmentlänge. Diese Zeichnungen verfärben sich mit der Zeit zu einem schmutzigen Dunkelbraun. Nur der rote Fleck auf dem 7. Segment bleibt erhalten (siehe Foto oben). Im Gegensatz zur Kleinen Moosjungfer hat das Männchen außerdem ein dunkelrotes Pterostigma. Beim Weibchen ist die weitere Ausdehnung der gelben Abdominalzeichnung ebenfalls auffallend. Nur das 2. Segment besitzt drei nebeneinanderliegende kleine Flecke. Die fünf folgenden Segmente tragen zusammenhängende, z. T. quer eingeschnürte Flecke, die alle fast bis zum Hinterrand des jeweiligen Segments reichen.

FLUGZEIT Die Flugzeit beginnt bei dieser Art z. T. schon Ende April und endet im Juni/Juli. Während des Höhepunkts ihrer Flugzeit (Mitte bis Ende Mai) schlüpfen gleichzeitig die meisten Individuen der Kleinen Moosjungfer. Bereits Mitte Juni ist die Nordische Moosjungfer kaum noch zu finden.

VORKOMMEN Die Nordische Moosjungfer lebt, wie die Kleine Moosjungfer, ebenfalls in Hochmooren und kommt fast immer zusammen mit ihren nahen Verwandten vor. Sie ist in Norddeutschland nicht selten, fehlt in der gesamten mittleren Bundesrepublik und tritt erst wieder in einigen Mooren Oberschwabens und des Alpenvorlands auf. Die Art ist bei uns stark gefährdet.

LARVENSTADIUM Die Larve (siehe Foto S. 109 oben) ist oft sehr dunkel, fast schwarz. Dorsaldorne fehlen ganz oder sind als winzige Andeutungen auf den Segmenten 3 und 4 zu erkennen. Die Lateraldorne sind etwas kürzer als bei der Larve der Kleinen Moosjungfer. Die Ventralseite ist meist fast schwarz, von hellen Längsbändern durchzogen.

Nordische Moosjungfer, *Leucorrhinia rubicunda* ♂, Dammendorf, Deutschland.

Nordische Moosjungfer, *Leucorrhinia rubicunda* ♀, Wurzacher Ried, Deutschland.

Plattbauch

Libellula depressa (Linaeus 1758)
(= *Platetrum depressum* (Schmidt 1987))

KENNZEICHEN

Der Plattbauch gleicht in der Körpergröße etwa dem Vierfleck, ist aber deutlich breiter gebaut. Der stark abgeflachte Hinterleib ist breiter als bei allen anderen heimischen Libellen (6–8 mm). Die Grundfärbung ist dunkelbraun, bei Jungtieren gelbbraun. Am Thorax sind weißliche oder gelbliche Antehumeralstreifen, an den Seiten der Abdominalsegmente halbmondförmige gelbe Flecke zu erkennen. Beim Männchen überzieht eine hellblaue, wachsartige Bereifung den größten Teil des Abdomens An der Basis beider Flügelpaare sind bei Männchen und Weibchen große, schwarzbraune Flecke entwickelt.

FLUGZEIT

Die Flugzeit reicht, wie beim Vierfleck, von Anfang Mai bis Mitte August.

VORKOMMEN

Der Plattbauch lebt vorwiegend an kleinen, vegetationsarmen Gewässern, besonders gern an Lehmtümpeln. In Sand- und Kiesgruben mit derartigen Gewässern fehlt die Art fast nie. Sie ist bei uns weit verbreitet und allgemein häufig.

LARVENSTADIUM

Die Larve (siehe Foto S. 100 unten) ist, ähnlich wie die Imago, kurz und breit gebaut. Der Kopf ist fast würfelförmig, mit dunklen Streifen hinter den Augen. Auf dem Abdomen sind mehrere Längsreihen dunkler Flecke entwickelt. Diese Zeichnungen sind aber oft kaum zu erkennen, da die Larve meist vollkommen mit Schlamm bedeckt ist. Sie kann sich selbst in kleinen Pfützen und wassergefüllten Fahrzeugspuren entwickeln und übersteht sogar, tief im Schlamm eingegraben, ein mehrwöchiges Austrocknen ihrer Wohngewässer . Die Entwicklung dauert im Allgemeinen zwei Jahre. Die letzte Überwinterung erfolgt im letzten Stadium.

LEBENSWEISE

Die Männchen sitzen gern auf trockenen Ästen oder abgebrochenen Schilfhalmen, die in Ufernähe aus dem Wasser ragen. Nach einer Störung kehren sie fast immer nach kürzester Zeit wieder zu ihrer gewohnten Sitzwarte zurück. Die Paarung, die nur wenige Sekunden dauert, vollzieht sich wie beim Vierfleck ausschließlich im Flug. Auch die Eiablage geschieht in gleicher Weise wie beim diesem.

Plattbauch, *Libellula depressa* ♂, Forchach, Österreich.

Plattbauch, *Libellula depressa* ♀, Dornstadt, Deutschland

Spitzenfleck

Libellula fulva (Müller 1764) (= *Ladona fulva* (Schmidt 1987))

KENNZEICHEN

Der Spitzenfleck gleicht in der Größe den beiden anderen Arten seiner Gattung (Vierfleck und Plattbauch). Bezüglich Zeichnung und Färbung ähnelt er aber eher den Blaupfeilen (Gattung Orthetrum), speziell das Männchen. Dieses hat einen dunkelbraunen Thorax und ein blau bereiftes Abdomen mit schwarzer Spitze. Ein deutlicher Unterschied zu den Vertretern der Blaupfeile besteht in je einem dreieckigen, schwarzbraunen Fleck an der Basis der Hinterflügel. Der für diese Art typische Spitzenfleck (Name!) in jedem Flügel ist beim Männchen im Allgemeinen nur schwach entwickelt. Das Weibchen dagegen hat ein zunächst hellrotbraunes, später gelbbraunes und im Alter ein dunkelbraunes Abdomen mit zum Körperende größer werdenden schwarzen Flecken von dreieckiger Form. Diese Flecke fügen sich zu einer gezackten Längsbinde zusammen An den Flügelspitzen sind meist deutliche rauchbraune Flecke entwickelt.

FLUGZEIT

Die Flugzeit ist ziemlich kurz: Sie reicht von Ende Mai bis Juli/August.

VORKOMMEN

Der Spitzenfleck lebt an mittelgroßen stehenden Gewässern, z B Weihern mit Schilfufer, und auch an langsam fließenden Bächen und Kanälen. Die Art ist bei uns nicht häufig und gilt als stark gefährdet.

LARVENSTADIUM

Die Larve (siehe Foto S. 102 oben) hat lange, schräg abstehende Dorsaldorne und unterscheidet sich dadurch deutlich von den Larven der beiden verwandten Arten (Vierfleck und Plattbauch). Sie ähnelt eher der Larve der Gefleckten Smaragdlibelle. Sie hat aber ein schmaler zugespitztes Abdomen und feiner gezähnte Seitenlappen der Fangmaske.

LEBENSWEISE

Ebenso wie die anderen beiden Arten der Gattung *Libellula* beginnt auch der Spitzenfleck die Paarung im Flug. Das Paarungsrad setzt sich dann aber – anders als bei Vierfleck und Plattbauch – auf der Vegetation nieder. Die Paarung erstreckt sich zudem über einen Zeitraum von mehreren Minuten.

Spitzenfleck, *Libellula fulva* ♂.

Spitzenfleck, *Libellula fulva* ♀.

Vierfleck

Libellula quadrimaculata (Linnaeus 1758)

KENNZEICHEN Der Vierfleck erreicht 40–50 mm Körperlänge. Beide Geschlechter gleichen sich in der Färbung. Die Grundfarbe des Körpers ist dunkelbraun. Das etwas abgeflachte Abdomen wird zur Spitze schwarz und ist an den Seiten der Segmente 3 bis 8 mit schmalen gelben Flecken gezeichnet. Außerdem schwarzen Pterostigma trägt jeder Flügel einen weiteren dunklen Fleck am Nodus (d. h. in der Mitte des Vorderrandes). Die Hinterflügel besitzen einen großen schwarzen Fleck an der Basis. Bisweilen ist in Höhe des Pterostigmas eine dunkle Binde entwickelt (*f. praenubila*, siehe unteres Bild).

FLUGZEIT Die Flugzeit reicht von Anfang Mai bis Mitte August.

VORKOMMEN Der Vierfleck ist bei uns weit verbreitet und häufig. Besonders zahlreich trifft man die Art an Moorgewässern. Aber auch an anderen Gewässertypen, vor allem an pflanzenreichen Weihern und Teichen, kommt sie regelmäßig vor.

LARVENSTADIUM Die Larve (siehe Foto S. 102 unten) ähnelt der Plattbauch-Larve. Sie ist aber etwas länglicher und trägt eine deutliche schwarze Maske zwischen den Augen. Sie hat eine zweijährige Entwicklung und überwintert im zweiten Jahr im letzten Stadium.

LEBENSWEISE Die Paarung dauert nur wenige Sekunden und wird im Flug vollzogen. Nach der Trennung der Partner legt das Weibchen die Eier im Flug, indem es diese mit wippenden Bewegungen des Hinterleibs ins Wasser abwirft. In manchen Jahren kommt es gebietsweise zu einer Massenentwicklung dieser Art. Früher kam es gelegentlich sogar zu dichten Wanderschwärmen, vergleichbar mit Heuschreckenschwärmen.

Vierfleck, *Libellula quadrimaculata* ♂, Oberfahlheim, Deutschland.

Vierfleck, *Libellula quadrimaculata f. praenubila* ♀, Laghetto d'Ampola, Italien.

Östlicher Blaupfeil

Orthetrum albistylum (Sélys 1848)

KENNZEICHEN Die Art ist ähnlich groß wie der Große Blaupfeil aber deutlich schlanker. Abdomen schmaler als beim Großen Blaupfeil, im Bereich der Segmente 2 und 3 auffallend hoch. Thorax dunkelbraun gezeichnet, mit einer weißen Mittellinie und zwei weißen Seitenstreifen. Obere Anhänge weiß, bei älteren Männchen an der Basis verdunkelt. Beim Weibchen auch das 10. Segment weiß, Abdomen ist sonst gelbbraun, an den Seiten z. T. weiß gefärbt mit zwei parallelen, schwarzen Längsbinden gezeichnet. Beim Männchen sind die Segmente 2–6 oben hellblau, fast weißlich, bereift.

FLUGZEIT Anfang Juni bis August/September.

VORKOMMEN Der Verbreitungsschwerpunkt ist in Südosteuropa, er kommt aber im Westen bis Südwestfrankreich vor. Selten in Mitteleuropa, in günstigen Jahren in Süddeutschland, vor allem in Kiesgruben und an Baggerseen in der Oberrheinischen Tiefebene und an Seen des Alpenvorlands. Verbreitung in den Steppen Osteuropas im Gebiet des Neusiedler Sees.

LARVENSTADIUM Die Larve (siehe Foto S. 103 Mitte) ähnelt der Larve des Großen Blaupfeils. Ihr fehlen die niedrigen Dorsaldorne der Segmente 4–6.

Südlicher Blaupfeil

Orthetrum brunneum (Fonscolombe 1837)

KENNZEICHEN Südlicher und Kleiner Blaupfeil sind schwer zu unterscheiden. Unterschiede außer dem Flügelgeäder: Bei reifen Männchen des Südlichen Blaupfeils überzieht die blaue Bereifung auch den Thorax vollständig, Antehumeralstreifen nicht erkennbar, Stirn weiß mit bläulichem Schimmer, beim Kleinen Blaupfeil braun. Weibchen mehr grau gefärbt mit weniger ausgedehnten, dunklen Zeichnungen auf dem Abdomen. Stirn weiß.

FLUGZEIT Die Flugzeit beginnt im Juni und endet im August.

VORKOMMEN Diese südliche Art kommt bei uns vorwiegend in Süddeutschland vor. Sie fliegt an Sickerquellen auch an flachen stehenden Gewässern. Kommt in Grubenarealen gemeinsam mit dem Plattbauch und der Kleinen Pechlibelle vor. Der Südliche Blaupfeil gilt als gefährdet. Ein Grund dafür, dass der Südliche Blaupfeil gefährdet ist.

LARVENSTADIUM Die Larve (siehe Foto S. 103 unten) ist leicht mit der des Kleinen Blaupfeils und mit der des Plattbauchs zu verwechseln. Sie ist kleiner als Letztere (18–20 mm gegenüber 21–25 mm im letzten Stadium). Von der *coerulescens*-Larve ist sie durch die fehlenden Lateraldorne am Abdomen und ein breites weißes Längsband in der Pronotummitte zu unterscheiden.

Östlicher Blaupfeil, *Orthetrum albistylum* ♂, Hortobagy, Ungarn.

Südlicher Blaupfeil, *Orthetrum brunneum* ♀, Mas Thibert, Frankreich.

Großer Blaupfeil

Orthetrum cancellatum (Linnaeus 1758)

KENNZEICHEN Die Art ist mit 45–50 mm Körperlänge etwas größer als der Kleine und der Südliche Blaupfeil. Das Männchen hat einen dunkelbraunen Thorax und auf den Abdominalsegmenten 2–7 eine dichte blaue Bereifung. Die letzten Segmente sind schwarz gefärbt. Das Weibchen ist in der Jugend gelb und schwarz, später braun und schwarz gezeichnet. Über das Abdomen laufen oben zwei parallele schwarze Längsstreifen.

FLUGZEIT Die Flugzeit beginnt im Mai/Juni und endet im September.

VORKOMMEN Der Große Blaupfeil lebt an vegetationsarmen, größeren Seen, an stärker bewachsenen Weihern und Teichen, an Baggerseen mit kiesigen Ufern und an Kiesgrubengewässern. Sie ist bei uns weit verbreitet und häufig.

LARVENSTADIUM Die Larve (siehe Foto S. 103 oben) trägt auf den Segmenten 7 bis 9 des sonst einfarbig graubraunen Abdomens dreieckige dunkle Fleckenpaare und ist dadurch leicht zu erkennen. Entwicklungszeit: zwei Jahre.

LEBENSWEISE Die Männchen sonnen sich gern auf Wegen und an offenen, kiesigen Stellen. Paarungsrad während der 10–15 Minuten dauernden Paarung meist am Boden. Dabei kratzen die Weibchen mit der Zeit die Bereifung der hinteren männlichen Abdominalsegmente ab, sodass alte, schon oft verpaarte Männchen nur noch auf den vorderen Segmenten ihre blaue Färbung behalten. Eiablage immer ohne Begleitung durch das Männchen. Das Weibchen wirft die Eier durch wippende Bewegungen des Abdomens ins Wasser ab.

Rahmstreif-Blaupfeil

Orthetrum chrysostigma (Burmeister 1839)

KENNZEICHEN Der namensgebende cremefarbene Streifen auf den Seiten der Mittelbrust grenzt diese Art von allen anderen europäischen Blaupfeilen ab. Das Pterostigma ist goldfarben mit schwarzer Umrandung. Männchen am Hinterleib hellblau bereift, Weibchen braungelb mit dunklem Seitenstreifen.

FLUGZEIT Zwischen Ende April und Ende August, aber auch darüber hinaus.

VORKOMMEN In Afrika ist die Art eine der häufigsten. Europäische Fundorte auf den Kanaren und die Iberische Halbinsel im Westen, aber auch große griechische Inseln (u.a. Lesbos, Rhodos).

LEBENSWEISE Die Art fliegt insbesondere in Trockengebieten (Wüsten, Savannen) mit zum Teil nur temporären Gewässern, die sie aufgrund der sehr schnellen Larvalentwicklung erfolgreich besiedeln kann.

Großer Blaupfeil, *Orthetrum cancellatum* ♂, Worth, Deutschland.

Großer Blaupfeil, *Orthetrum cancellatum*, junges ♀, Oberfahlheim, Deutschland.

Kleiner Blaupfeil

Orthetrum coerulescens (Fabricius 1798)

KENNZEICHEN

Der Kleine Blaupfeil erreicht 40–45 mm Körperlänge. Das ausgefärbte Männchen hat einen dunkelbraunen Thorax mit graugelben Antehumeralstreifen und ein blau bereiftes Abdomen. Manchmal sind auch Teile des Thorax etwas bläulich bereift. Junge Männchen und Weibchen sind leuchtend gelbbraun gefärbt, alte Weibchen werden dunkelolivbraun. Besonders die Weibchen der Art sind oft nicht leicht vom Südlichen Blaupfeil zu trennen. Eine sichere Unterscheidungsmöglichkeit bietet die Flügeladerung: Beim Kleinen Blaupfeil liegt zwischen der Radiusschaltader und dem untersten Radiusseitenast eine einfache Zellreihe (siehe Abb. S-64, S. 75), während beim Südlichen Blaupfeil einige dieser Zellen verdoppelt sind (siehe Abb. S-65, S. 75).

FLUGZEIT

Die Flugzeit reicht von Ende Mai bis Ende August.

VORKOMMEN

Der Kleine Blaupfeil lebt an Quellaustritten sowie an schmalen, langsam fließenden Bächen und Gräben. Häufig ist die Art mit der Helm-Azurjungfer, Coenagrion mercuriale, vergesellschaftet. Seltener kommt sie gemeinsam mit dem Südlichen Blaupfeil in Kiesgruben vor. Im Mittelmeergebiet dagegen, wo der Kleine Blaupfeil recht häufig ist, ist die Art an schmalen Fließgewässern meistens mit der nahe verwandten Art vergesellschaftet. Bei uns ist der Kleine Blaupfeil selten und stark gefährdet.

Gelbader-Blaupfeil

Orthetrum nitidinerve (Sélys 1841)

KENNZEICHEN

Sowohl der Radius bis zum Nodus als auch die Costa bis zum Pterostigma sind wie auch das Flügelmal selbst intensiv gelb gefärbt. Das Männchen weist ansonsten eine bläulich-weiße Bereifung auf (Verwechslungsmöglichkeit mit *O. brunneum*), das Weibchen ist gelborange bis hellbraun gefärbt.

FLUGZEIT

Die Tiere sind von April bis Oktober aktiv.

VORKOMMEN

Die Art besiedelt nur den westlichen . Mittelmeerraum mit Schwerpunkt auf der Iberischen Halbinsel so wie Sardinien und Sizilien und zusätzlich noch Marokko, Tunesien, Algerien und Lybien.

LEBENSWEISE

Keine andere Segellibelle legt solche Eischnüre ab. Das Männchen bewacht das Weibchen solange es am Gewässer seine Hinterleibsspitze eintaucht. Die Art nutzt kleine offene Fließgewässser.

Kleiner Blaupfeil, *Orthetrum coerulescens* ♂, Forchach, Österreich.

Kleiner Blaupfeil, *Orthetrum coerulescens* ♀, Ellmau, Österreich

Schwarze Heidelibelle

Sympetrum danae (Sulzer 1776)
(= *Sympetrum scoticum* (Donovan 1811))

KENNZEICHEN Die Schwarze Heidelibelle gehört zu den kleineren Arten der Gattung *Sympetrum*. Das Männchen unterscheidet sich durch die im reifen Zustand fast völlig schwarze Färbung deutlich von allen anderen Heidelibellen. Nur an den Thoraxseiten sind helle Schrägstreifen zu erkennen. Das junge Männchen ist wie das Weibchen gelbbraun gefärbt mit breiten, schwarzen Binden an den Thoraxseiten und einer schwarzen Unterseite des Abdomens. Im Alter wird das Weibchen eher graubraun. Es besitzt einen deutlich abstehenden Legebohrer und lässt sich dadurch von den drei übrigen schwarzbeinigen *Sympetrum*-Arten gut unterscheiden.

FLUGZEIT Die Flugzeit beginnt Mitte Juli und erstreckt sich oft bis in den November.

LARVENSTADIUM Die Larve (siehe Foto S. 105 unten) ist auffallend klein. Ihr fehlt der Dorsaldorn auf Segment 8. Die Lateraldorne der Segmente 8 und 9 sind sehr kurz.

LEBENSWEISE Die Schwarze Heidelibelle ist in Mitteleuropa weit verbreitet und häufig. Am häufigsten tritt sie an pflanzenreichen Moorgewässern auf. Hier kommt es oft zur Massenentwicklung dieser Libellenart.

Sumpf-Heidelibelle

Sympetrum depressiusculum (Sélys 1841)

KENNZEICHEN Die Sumpf-Heidelibelle ist kleiner als die ihr ähnliche Blutrote Heidelibelle. Auch sie hat einheitlich schwarze Beine. Das Männchen hat ein deutlich abgeflachtes und verbreitertes Abdomen mit schwarzen Strichen auf der Oberseite der Segmente 3 bis 8. Die rote Färbung bedeckt nicht die ganze Oberseite des Hinterleibs. An den Rändern bleibt ein schmaler gelber Streifen, der aber im Alter verschwinden kann. Das Weibchen besitzt auf der gelbbraunen bis gelbroten Abdomenoberseite die gleichen Streifen wie das Männchen. Wichtiges Merkmal ist das sehr dichte Flügelgeäder zwischen Radialsektor und Media.

FLUGZEIT Die Flugzeit reicht von Mitte Juli bis Mitte Oktober.

VORKOMMEN Die Sumpf-Heidelibelle kommt vorwiegend in dicht verwachsenen Sumpfgebieten mit wenig freien Wasserflächen vor. Die Art ist in Süddeutschland häufiger als in Norddeutschland und gilt als stark gefährdet.

LARVENSTADIUM Die Larve (siehe Foto S. 107 oben) hat sehr lange, deutlich gebogene Dorsaldorne und auffallend lange Lateraldorne an den Segmenten 8 und 9. Die Dorne sind weißlich gefärbt und weisen schwarze Spitzen auf.

Schwarze Heidelibelle, *Sympetrum danae* ♂, Haspelmoor, Deutschland.

Schwarze Heidelibelle, *Sympetrum danae* ♀, Winkeldorf, Deutschland.

Gefleckte Heidelibelle

Sympetrum flaveolum (Linnaeus 1758)

KENNZEICHEN

Die Gefleckte Heidelibelle zählt mit 30–35 mm Körperlänge zu den etwas kleineren der Heidelibellen-Arten. Sie gehört ebenfalls zur Artengruppe mit gestreiften Beinen, unterscheidet sich aber von den übrigen Vertretern der Gattung *Sympetrum* recht deutlich durch die großen gelben Flecke an der Basis der beiden Flügelpaare. Beim Weibchen ist die Ausdehnung der Flecke sehr variabel. Sie können bis über den Nodus hinwegreichen, aber in seltenen Fällen auch stark reduziert sein. Solche Tiere sind dann schwer vom Weibchen der Frühen Heidelibelle zu unterscheiden. Das 8. Bauchsegment ist aber nur ganz schmal ausgeschnitten und in zwei kleine Zipfel ausgezogen. Wie bei einigen anderen *Sympetrum*-Arten sind alte Weibchen oft etwas rötlich gefärbt.

FLUGZEIT

Die Flugzeit beginnt Ende Juni und erstreckt sich bis in den September.

VORKOMMEN

Die früher in vielen Gebieten Mitteleuropas recht häufige Art ist in den letzten Jahren stark zurückgegangen, vielerorts sogar fast ganz verschwunden. Ihre Vorzugsbiotope sind offenbar Überschwemmungsflächen, die im Sommer trockenfallen, und ähnliche Gewässer mit stark schwankendem Wasserstand. Wo solche Lebensräume noch vorkommen, kann sie aber zusammen mit der Glänzenden Binsenjungfer, Lestes dryas, und anderen Binsenjungfern in sehr hoher Individuenzahl auftreten. Oft trifft man sie auch weit entfernt von jedem Gewässer, z. B. in Getreidefeldern. Sie gilt derzeit als gefährdet.

LARVENSTADIUM

Die Larve (siehe Foto S. 107 unten) ist kleiner und zierlicher als die Larve der Gewöhnlichen Heidelibelle. Sie ist meist dunkelgraubraun mit wenig entwickelten Zeichnungen. Die Lateraldorne an Segment 9 sind etwas kürzer als dieses Segment. Die Larve entwickelt sich in zwei bis drei Monaten zur Imago.

LEBENSWEISE

Zur Eiablage suchen die Paare meist ausgetrocknete Moorgräben oder trockengefallene Schlammflächen auf. Die Eier überwintern. Im Frühjahr, wenn diese Flächen wieder mit Wasser bedeckt sind, schlüpfen die Larven.

Gefleckte Heidelibelle, *Sympetrum flaveolum* ♂, Schmiecher See, Deutschland.

Gefleckte Heidelibelle, *Sympetrum flaveolum*, Paarungrad, Riedheim, Deutschland.

Frühe Heidelibelle

Sympetrum fonscolombii (Sélys 1840)
(= *Tarnetrum fonscolombii* (Schmidt 1987))

KENNZEICHEN

Die Frühe Heidelibelle gleicht in der Größe der Gemeinen und der Großen Heidelibelle. Sie hat ebenfalls schwarze, gelb gestreifte Beine. Das Pterostigma ist auch bei ausgefärbten Exemplaren gelbbraun und von schwarzen Adern eingerahmt. Das Abdomen ist beim Männchen heller und zugleich leuchtender rot als bei den meisten Heidelibellen-Arten. Die Segmente 8 und 9 tragen deutliche, schwarze Rücken- und Seitenbinden. Die Augen sind oben rotbraun, unten meist graublau. Die Stirn ist in der Mitte hellrot, vor den Augen aber in einem deutlich abgesetzten Streifen weißlich gefärbt. Auch die vorderen Längsadern der Flügel haben eine rote Färbung. Außerdem fallen an den Thoraxseiten schmale helle Seitenbinden auf (siehe auch Schmidt 1985b). Das Weibchen ist schwieriger zu erkennen. Die Augenfärbung und die Abdomenzeichnung sind ähnlich wie beim Männchen. An den Thoraxseiten sind schmale dunkle Nahtlinien ausgebildet. Im Gegensatz zu den Weibchen der Gemeinen und der Großen Heidelibelle fehlt eine abstehende Legeröhre. Das Bauchsegment 8 ist hinten tief ausgeschnitten.

FLUGZEIT

Die Frühe Heidelibelle ist die erste *der Sympetrum*-Arten im Jahr. Ihre Flugzeit beginnt Mitte Mai und endet im September, im Mittelmeergebiet wohl auch später.

VORKOMMEN

Die Frühe Heidelibelle ist eine Libelle des Mittelmeerraums und war bisher in Mitteleuropa selten. In der letzten Zeit taucht sie aber immer häufiger nördlich der Alpen auf und wurde auch schon oft in Norddeutschland beobachtet. Sie entwickelt sich bei uns am häufigsten in Kiesgrubentümpeln.

LARVENSTADIUM

Die Larve (siehe Foto S. 105 oben) hat im Gegensatz zu allen übrigen *Sympetrum*-Larven keine Dorsaldorne. Sie ähnelt dadurch der Larve der Feuerlibelle. Ihr fehlt aber der für diese Art typische Borstenkamm am Hinterrand des 8. Bauchsegments. Die Frühe Heidelibelle bildet offenbar regelmäßig zwei Generationen im Jahr aus, denn oft findet man (auch in Mitteleuropa) im September und Oktober wieder frisch geschlüpfte Tiere.

Frühe Heidelibelle, *Sympetrum fonscolombii*, junges ♂, St-Génis-des-Fontaines, Frankreich.

Frühe Heidelibelle, *Sympetrum fonscolombii* ♀, Giglio, Italien.

Südliche Heidelibelle

Sympetrum meridionale (Sélys 1841)

KENNZEICHEN Die Südliche Heidelibelle ähnelt in Größe und Farbe der Gemeinen, der Großen und der Frühen Heidelibelle. Ein Merkmal sind die Thoraxseiten, nahezu ohne dunkle Zeichnung. Auf der Stirn ist nur eine ganz schmale Binde entwickelt. Die Beine sind braun gefärbt und an den Innenseiten schwarz gestreift. Dem Weibchen fehlt, wie bei der Frühen Heidelibelle, ein abstehender Legebohrer.

FLUGZEIT Die Flugzeit reicht von Juli bis September.

VORKOMMEN Die Südliche Heidelibelle ist eine typische Art des Mittelmeergebiets. Beide Arten gleichen sich auch in der Tendenz, immer wieder nach Mitteleuropa einzuwandern. Die Südliche Heidelibelle erscheint bei uns allerdings deutlich seltener. Inzwischen gibt es aber sichere Nachweise aus vielen Gegenden in Deutschland, besonders in Süddeutschland.

LARVENSTADIUM Die Larve gleicht weitgehend derjenigen der Blutroten Heidelibelle.

LEBENSWEISE Über die Lebensweise der Südlichen Heidelibelle ist nur wenig bekannt. Sie entwickelt sich offenbar an dicht bewachsenen, stehenden Gewässern.

Gebänderte Heidelibelle

Sympetrum pedemontanum (Allioni 1766)

KENNZEICHEN Die Gebänderte Heidelibelle gehört zu den etwas kleineren Arten der Gattung *Sympetrum*. Die Beine sind schwarz gefärbt. Beide Geschlechter sind an den breiten braunen Flügelbinden kurz vor jedem Pterostigma leicht zu erkennen. Das reife Männchen hat außer dem roten Abdomen auch leuchtend rote Flügelmale. Beim jungen Männchen sind wie beim Weibchen die Flügelmale gelbweiß. Das Abdomen ist gelbbraun gefärbt.

FLUGZEIT Die Flugzeit liegt zwischen Ende Juli und Anfang Oktober.

VORKOMMEN Die Gebänderte Heidelibelle ist eine eher östliche Libellenart. Nach Westen hin kommt sie bis Holland und ins Rhonedelta vor. Bei uns ist sie stellenweise im südöstlichen Bayern nicht selten, weiter nördlich und westlich tritt sie jedoch lediglich sporadisch auf. In manchen Gegenden, z. B. in Norddeutschland, scheint sie sich in neuerer Zeit etwas auszubreiten. Sie fliegt vor allem in Kiesgruben und an kleinen stehenden Gewässern im Bereich der Flussauen, aber auch über Sumpfgebieten ohne offene Wasserflächen. Sie gilt bei uns als gefährdet.

LEBENSWEISE Trotz der auffallenden Flügelzeichnung ist die Gebänderte Heidelibelle eher unauffällig. Sie fliegt meist dicht über dem Boden.

Südliche Heidelibelle, *Sympetrum meridionale* ♂, Collioure, Frankreich.

Gebänderte Heidelibelle, *Sympetrum pedemontanum* ♂, Nagyvan, Ungarn.

Blutrote Heidelibelle

Sympetrum sanguineum (Müller 1764)

KENNZEICHEN Die Blutrote Heidelibelle gehört zu den etwas größeren Heidelibellen. Sie hat einheitlich schwarze Beine. Beim Männchen ist außer dem Abdomen auch die Stirn leuchtend blutrot gefärbt. Das Abdomen ist etwas abgeflacht und hinten verbreitert. Der Thorax und die Augen sind rotbraun bis rot. Das Weibchen ist gelbbraun bis rötlich gefärbt, oft an den Seiten etwas blau bereift.

FLUGZEIT Die Flugzeit beginnt im Juni/Juli und reicht bis in den Oktober.

VORKOMMEN Die Blutrote Heidelibelle ist eine der häufigsten mitteleuropäischen Heidelibellen. Sie bewohnt stehende Gewässer unterschiedlichster Art. Regelmäßig findet man sie auch an Fischteichen, sogar an solchen, die alljährlich abgelassen werden.

LARVENSTADIUM Die Larve ähnelt sehr der der Gewöhnlichen Heidelibelle. Sie lässt sich meiner Einschätzung nach nicht mit letzter Sicherheit von dieser trennen.

LEBENSWEISE Die Eiablage findet meist außerhalb des Wassers am Ufer statt. An Trittstellen (z. B. durch Angler und Badende verursacht), an denen nur niedrige Gräser und Moose wachsen, findet man im September oft Scharen Eier legender Paare. Die zunächst weißen, knapp 1 mm großen Eier färben sich bis zum nächsten Tag dunkelbraun. Sie überwintern im Trockenen und werden erst im Frühjahr überflutet.

Wüsten-Heidelibelle

Sympetrum sinaiticum (Dumont 1977)

KENNZEICHEN Diese erst 1977 beschriebene Art weist große Ähnlichkeit mit *S. meridionale* und *S. striolatum* auf und bildet von der Zeichnung her die Schnittmenge dieser Arten. Sichere Unterscheidungsmerkmale beim Männchen sind schwarze Seitenstreifen an Segment 2 und 3 sowie Cerci und Epiproct in gleicher Länge.

FLUGZEIT In Spanien fliegt die Art von Anfang Juni bis Anfang November, in südlicheren Habitaten über den Jahreswechsel hinweg bis Ende März.

VORKOMMEN *S. sinaiticum* bewohnt trocken-heiße Gebiete in Südost-Spanien, Nord-Afrika und dem Nahen Osten.

LEBENSWEISE Fortpflanzungsbiotope sind sowohl stehende als auch fließende Gewässer in Wüsten-Gebieten. Die besonders heißen Sommermonate überdauert die Art weitab davon in Regionen mit spärlicher Vegetation. Im Herbst kehrt sie für die Eiablage wieder an die Biotope zurück.

Blutrote Heidelibelle, *Sympetrum sanguineum* ♂, Ingstetten, Deutschland

Blutrote Heidelibelle, *Sympetrum sanguineum* ♀, Winkeldorf, Deutschland.

Große Heidelibelle

Sympetrum striolatum (Charpentier 1840)

KENNZEICHEN Die Große Heidelibelle gleicht der Gemeinen Heidelibelle und ist sehr leicht mit ihr zu verwechseln. Beim dunkelbraunen Thorax des Männchens sind deutliche, gelbweiße Seitenbinden entwickelt, und das rote Abdomen ist etwa zylindrisch und hinten nicht verbreitert. Die Legeröhre des Weibchens steht schräg vom Hinterleib ab. Bei Männchen und Weibchen endet die schwarze Querbinde auf der Stirn an den Augen.

FLUGZEIT Ende Juli und bis Oktober/November.

VORKOMMEN Die Große Heidelibelle, ursprünglich eine mediterrane Art, kommt überall in Mitteleuropa vor, auch in Norddeutschland. Sie ist anspruchslos und bewohnt stehende Gewässer aller Art, Seen und Weiher und kleine Tümpel. Im Gegensatz zur Gemeinen Heidelibelle findet man sie an Sekundärbiotopen, z. B. an Baggerseen und Kiesgrubentümpeln. Beide Arten kommen oft gemeinsam vor.

LEBENSWEISE Die Große Heidelibelle zeigt in günstigen Jahren ein deutliches Wanderverhalten.

Gemeine Heidelibelle

Sympetrum vulgatum (Linnaeus 1758)

KENNZEICHEN Die Gemeine Heidelibelle erreicht eine Körperlänge von 35–40 mm. Der Thorax des reifen Männchens ist dunkelbraun mit undeutlichen, hellen Seitenbinden. Das leuchtend rote Abdomen ist etwas abgeflacht und im hinteren Abschnitt ein wenig verbreitert. Das Weibchen ist gelbbraun, später dunkelbraun und im Alter oft an manchen Stellen rot gefärbt. Die Legeröhre steht mit ihrem Hinterrand rechtwinklig vom Körper ab. Die dunkle Querbinde auf der Stirn läuft bei beiden Geschlechtern ein Stück an den Augen herab. Die Beine sind außen gelb gestreift.

FLUGZEIT Die Flugzeit dauert von Mitte Juli und bis Oktober/November.

VORKOMMEN Die Art kommt nördlich bis ins mittlere Skandinavien vor. Sie fehlt im Mittelmeergebiet. Verbreitungsschwerpunkt sind pflanzenreiche Weiher.

LEBENSWEISE Nach der Paarung – meist sitzend am Boden – öffnet sich das Paarungsrad und das Paar fliegt als Tandem zur Eiablage. Dabei wirft das Männchen im Flug seine Partnerin durch schwingende Bewegungen des Abdomens nach vorn. Das Weibchen wirft so die Eier ans Gewässerufer oder auf die offene Wasserfläche (siehe Foto, S. 22). Die Eier überwintern.

Große Heidelibelle, *Sympetrum striolatum* ♂, Brühl, Deutschland.

Große Heidelibelle, *Sympetrum striolatum* ♀, Wagenitzsee, Deutschland.

Violetter Sonnenzeiger, (früher: Rotviolette Segellibelle)

Trithemis annulata (Palisot de Beauvois 1807)

KENNZEICHEN

Mit einer Körperlänge von 32–38 mm und 45–75 mm Flügelspannweite bleibt diese vielleicht schönste europäische Libelle deutlich kleiner als die Feuerlibelle. Das Männchen erscheint nach dem Schlüpfen zunächst gelb, färbt sich dann über Orange zu Rot, um schließlich durch eine hellblaue Bereifung des roten Körpers einen leuchtend violetten Farbton anzunehmen. Die Stirn ist jetzt oben glänzend metallisch blau, darunter leuchtend rot gefärbt, ebenso die vorderen Flügeladern. An der Hinterflügelbasis befindet sich bei beiden Geschlechtern ein großer gelber Fleck. Das Weibchen besitzt ansonsten eine eher unauffällige gelbbraune Grundfärbung. Sein Hinterleib trägt oben einen schmalen dunklen Längsstreifen, der sich auf den Segmenten 8 und 9 zu einem schwarzen Balken verbreitert.

FLUGZEIT

Flugzeit in Südeuropa von April bis Oktober, in Afrika ganzjährig.

VORKOMMEN

Der wärmebedürftige, im tropischen Afrika häufige Violette Sonnenzeiger hat sich erst in den letzten Jahrzehnten immer weiter nach Europa ausgebreitet. Gegen Ende der 1970er-Jahre tauchte er erstmals in Spanien auf, Ende der 1980er auf Korsika und Anfang der 1990er schließlich in Südfrankreich und Italien. Inzwischen ist er bis ins Rhonetal vorgedrungen. Es erscheint nicht ausgeschlossen, dass er irgendwann auch als Zuwanderer in Deutschland auftauchen wird. In Europa besiedelt er vorzugsweise flache und vegetationsarme Stillgewässer. Er fehlt aber auch nicht an größeren Flüssen.

Rotader-Sonnenzeiger

Trithemis arteriosa (Burmeister 1839)

KENNZEICHEN

Auffälligstes Merkmal dieser 32-38mm großen und gegenüber *T. annulata* deutlich schlankeren Art ist eine leuchtend rote Flügeladerung der Männchen. Weibchen haben einen seitlich durchgängig schwarzen Hinterleib, ähneln sonst jedoch Weibchen von *Sympetrum fonscolombii*.

FLUGZEIT

Gegenwärtige Funddaten sprechen für eine ganzjährige Flugzeit.

VORKOMMEN

Innerhalb Europas ist diese Art bisher nur auf den Kanaren und den östlichsten Mittelmeer-Inseln (Rhodos, Kreta, Zypern) anzutreffen. Ihr Kerngebiet umfasst ganz Afrika, die Arabische Halbinsel und die Südküste der Türkei.

LEBENSWEISE

T. arteriosa bevorzugt stehende Gewässer oder Fließgewässer mit geringer Strömung, die über Röhricht-Vegetation verfügen. Diese wird als Sitzwarte genutzt.

Violetter Sonnenzeiger, *Trithemis annulata* ♂, Boadella, Spanien.

Violetter Sonnenzeiger, *Trithemis annulata* ♀, Alcantara, Spanien.

Indigo-Sonnenzeiger

Trithemis festiva (Rambur 1842)

KENNZEICHEN Die Art ist geringfügig kleiner als die vorherige. Männchen sind an der Brust und den ersten Segmenten des Hinterleibs tiefblau gefärbt, mit braun-oranger ihre Hinterflügelbasis. Weibchen mit überwiegend schwarzem Hinterleib, der jedoch seitlich und mittig von gelben Streifen durchzogen ist.

FLUGZEIT Auf Rhodos und Zypern von Mitte April bis Mitte August.

VORKOMMEN In Europa ist der Indigo-Sonnenzeiger bisher nur von Rhodos und Zypern bekannt. Er fliegt im Arabischen Golf, Asien (Indien bis Taiwan) und erreicht über die Philippinen auch Nord-Australien und Neuguinea.

LEBENSWEISE Die Art bevorzugt offene, besonnte Fließgewässer mit Felsen und felsigen Ufern, die von den Männchen gern als Sitzwarte genutzt werden.

Feuerroter Sonnenzeiger

Trithemis kirbyi (Sélys 1891)

KENNZEICHEN Mit 30-34 mm Körperlänge die kleinste Sonnenzeiger-Art Europas. Männchen inklusive ihrer Augen und des Flügelgeäders leuchtend rot, die Flügelbasis ist großflächig bernsteinfarben. Weibchen ähneln jenen von *T. annulata*, verfügen aber über schwarze Seitenstreifen am Hinterleib. Im basalen Teil des Hinterflügels findet sich ein bernsteinfarbener Fleck.

FLUGZEIT In Spanien fliegt die Art von Anfang April bis Anfang November.

VORKOMMEN In Europa findet sich *T. kirbyi* vor allem in Spanien, mit Schwerpunkt in Afrika und über die Arabische Halbinsel bis nach Indien.

LEBENSWEISE Lebensweise: Besiedelt vorrangig Gewässer mit vegetationsarmen Ufern in Savannen, Halbwüsten und Wüsten.

Gefleckter Wasserfallkreuzer

Zygonyx torridus (Kirby 1889)

KENNZEICHEN

Diese große Segellibelle (50–60 mm Körperlänge) ist in beiden Geschlechtern schwarz gefärbt, wobei die Brust metallisch glänzt und im Alter rauchig-mehlig erscheint. Der Hinterleib ist an den Seiten und mittig gelb gefleckt.

FLUGZEIT

Nahezu ganzjährig tritt die Art auf den Kanaren und in den Tropen Afrikas auf. In Portugal und Spanien fliegt sie von Mai bis September.

VORKOMMEN

In Europa ist *Z. torridus* nur auf den Kanarischen Inseln (La Palma, Gomera, Teneriffa und Gran Canaria), dem Süden und Südosten der Iberischen Halbinsel und auf Sizilien beheimatet. Darüber hinaus ist sie südlich der Sahara in allen Ländern Afrikas und östlich bis Indien verbreitet.

LEBENSWEISE

Diese Art patrouilliert in reißendem Flug insbesondere Stromschnellen und Wasserfälle. An gleicher Stelle entwickeln sich auch die Larven.

Service

Glossar

Abdomen › Hinterleib

Abdominalsternit › Bauchplatte eines Hinterleibsrings

Analpyramide › aus fünf dornförmigen Anhängen gebildete Spitze des Hinterleibs der Großlibellenlarven

Antehumeralstreifen › helle Längsstreifen vorn auf der Oberseite des Mesothorax; wichtig für die Bestimmung v. a. der Mosaikjungfern

Antenodalqueradern › Queradern im schmalen, von der Flügelbasis bis zum Nodus-reichenden, vorderen Flügelfeld

Apikal (-hälfte / -zahn) › am weitesten entfernt vom Mittelpunkt des Körpers (z.B. bei Extremitäten

basal › am nächsten zum Mittelpunkt des Körpers gelegen (z.B. bei Extremitäten)

Basalglied › basales Element der Fangmaske (= Submentum

Cercus (Cerci) › äußere, kleine Stacheln der Analpyramide

Dorsaldorn › Dorn in der Mitte eines Abdominaltergits der Larve; Ausbildung artweise sehr verschieden, daher wichtig für die Bestimmung

Eilogen › Mit dem Legebohrer geschaffene Hohlräume, in den die Eier gelegt werden

Epiproct › bei Großlibellenlarven mittlerer Stachel der Analpyramide, bei Kleinlibellenlarven mittleres der drei Schwanzblättchen

Extremitäten › Gliedmaßen

Exuvie › leere, nach einer Häutung zurückbleibende Larvenhaut

Fanghaken › zwei Anhänge am mittleren Element der Fangmaske, zusammen eine Greifzange bildend

Hemimetabola › Insekten mit unvollständiger Verwandlung

Hinterschiene › zwischen „Knie" und Fuß der Hinterbeine liegendes, langes Beinglied

Imaginalhäutung › letzte Häutung eines Insekts

Imago › letztes Entwicklungsstadium der Insekten

Kiemenblättchen › drei blattförmige, u.a. der Atmung dienende Anhänge an der Hinterleibsspitze der Kleinlibellenlarven

Komplexaugen › aus einer Vielzahl von Einzelaugen zusammengesetzte Augen der Insekten

Labialpalpen › gegliederte, paarige Anhänge des Labiums, bei Libellenlarven zu Fanghaken umgebildet

Labium › Unterlippe; unpaares, durch Verschmelzung aus dem dritten Extremitätenpaar der Mundwerkzeuge hervorgegangenes hinterstes Mundwerkzeug

Labrum › Oberlippe; lappenförmiger, vor den Mundwerkzeugen liegender Kopfanhang, nicht aus einer Extremität gebildet

Lanzettflecke › an der Basis erweiterte, am Ende schmal zugespitzte Zeichnungselemente

Lateralalvalven › bei Großlibellenlarven die beiden äußeren, langen Stacheln der Analpyramide, bei Kleinlibellenlarven die beiden äußeren Schwanzblättchen

Lateraldorne › Dorne an der Seite der Abdominalsegmente der Larve; Ausbildung artweise sehr verschieden, daher gut zur Bestimmung

Mandibeln › Oberkiefer, vorderes Paar der Mundwerkzeuge

Maxillen › Unterkiefer, zweites Paar der Mundwerkzeuge

melanistisch › dunkle Pigmentierung des Körpers / Schwarzfärbung

Mesothorax / Mesonotum › mittleres Brustsegment/ entsprechende Rückenplatte

Metathorax / Metanotum › hinteres Brustsegment / entsprechende Rückenplatte

Mittelschiene › zwischen „Knie" und Fuß liegendes, langes Glied des mittleren Beinpaares

Mittellappen › mittleres, löffelförmiges Element der Fangmaske

Moorkolk › offene, nicht vom Schwingrasen bedeckte Wasserfläche in einem Moorgebiet

Nodus › leichter Knick etwa in der Mitte des Flügelvorderrandes

Ocellen › Punktaugen, bei Libellen in der Nähe der Fühler in einem Dreieck angeordnet

Ommatidien › Einzelaugen eines Komplexauges

Paraprocte › bei Großlibellenlarven die beiden paarigen, längeren Stacheln der Analpyramide, bei Kleinlibellenlarven das äußere Paar der Schwanzblättchen

Prolarve › erstes, noch unvollständig ausgebildetes Larvenstadium; fast wurmförmig

Praementum › mittleres, löffelförmiges Element der Fangmaske

Pronotum › Rückenplatte des Prothorax; der Hinterrand des P. ist bei vielen Kleinlibellen charakteristisch geformt und damit ein wichtiges Bestimmungsmerkmal

Prothorax › Vorderes Brustsegment; nach vorn verschmälert, an Vorderende ist der hinten ausgehölte Kopf beweglich eingelenkt

Pterostigma › Flügelmal; ein durch Adern begrenztes, stärker verfestigtes und in vielen Fällen auffallend gefärbtes Feld nahe der Flügelspitze

Stigma › loch- oder schlitzförmige Öffnung der Atemorgane an der Körperoberfläche

Submentum › basales Glied der Fangmaske

Thorax › Brust

Thoraxseitenbinden › helle Schrägstreifen an den Thoraxseiten

Tracheen › schlauchförmige Atemorgane der Insekten

Ventralseite (d. Abdomens) › Bauchseite (= Unterseite)

Literaturverzeichnis

Aguesse, P. (1968):
Les Odonates de l'Europe Occidentale, du Nord de l' Afrique et des Iles Atlantiques.
Faune de l'Europe et du Bassin Mediterranéen 4, Masson et Cie Editeurs, Paris.

d'Aguilar, J., J.-L. Dommanget u. R. Prehac (1985):
Guide des Libellules d'Europe et d' Afrique du Nord.
Delachaux et Niestle S. A., Neuchatel-Paris.

Askew, R. R. (1988):
The Dragonfiles of Europe.
Harley Books, Essex.

Benken, T. u. R. Raab (2008):
Die Libellenfauna des Seewinkels am Neusiedler See: Häufigkeit, Bestandsentwicklung und Gefährdung (Odonata).
Libellula 27 (3/4), 191-220.

Bilek, A. (1954):
Eine neue Agrionide aus Bayern (Odonata).
Nachrbl. Bayer. Ent. 3, 97–99.

Boudot, J.-P. et alii (2009):
Atlas of the Odonata of the Mediterranean and North Afrika.
Libellula Supplement 9, 1-256.

Bouwman, J. u. R. Ketelaar (2008):
Atlas of the European dragonflies and damselflies. KNNV Publishing, The Netherlands. 384 S.

Boudot, J.-P., Kalkman, V. J. (eds) (2015):
New records of Coenagrion armatum in Schleswig-Holstein (Odonata: Coenagrionidae) Libellula 27 (3/4), 185-190.

Breuer, M., u. C. Ritzau (1983):
Bestandsaufnahme zur Odonatenfauna des Bremer Blocklandes und Hollerlandes (Insecta: Odonata).
Abh. Naturw. Ver. Bremen 40, 1–14.

Brochard, C., D. Croenendijk, E. van der Ploeg u. T. Termaat (2012):
Fotogids Larvenhuidjes van Libellen.
KNNV Uitgeverij, Zeist.

Brockhaus, T. u. U. Fischer (Eds., 2005):
Die Libellenfauna Sachsens.
Natur & Text, Rangsdorf.

Buchholz, C. (1951):
Untersuchungen an der Libellen-Gattung Calopteryx Leach unter besonderer Berücksichtigung ethologischer Fragen.
Z. Tierpsychol. 8, 273–293.

Buchwald, R. (1988):
Die Gestreifte Quelljungfer Cordulegaster bidentatus (Odonata) in Südwestdeutschland.
Carolinea 46, 49–64.

Buchwald, R. (1989):
Die Bedeutung der Vegetation für die Habitatbindung einiger Libellenarten der Quellmoore und Fließgewässer.
Phytocoenologica 17, 307–448.

Burbach, K. (2003):
Verbreitung und Habitate von Leucorrhinia albifrons in Bayern (Odonata: Libellulidae).
Libellula Supplement 4, 105–132.

Burbach, K., I. Faltin, M. Königsdorfer, E. Krach u. M. Winterholler (1996):
Coenagrion ornatum (Selys) in Bayern (Zygoptera: Coenagrionidae).
Libellula 15 (3/4), 131–168.

Burbach, K. u. M. Winterholler (1997):
Die Invasion von Hemianax ephippiger (Burmeister) in Mittel- und Nordeuropa 1995/1996 (Anisopetra: Aeshnidae).
Libellula 16 (1/2), 33–59.

Carchini, G. (1983):
A key to the Italian Odonate Larvae.
Soc. int. odonatol. rapid Comm. (Suppl.) 1, 1–101, Utrecht. Literaturverzeichnis < Service 307

Clausnitzer, H.-J. (1983):
Auswirkungen unterschiedlicher Bewirtschaftungsmaßnahmen auf den Libellenstand eines Teiches.
Libellula 2 (1/2), 84–86.

Clausnitzer, H.-J., R. Hengst, C. Krieger u. A. Thomes (2010):
Boyeria irene in Niedersachsen (Odonata: Aeshnidae).
Libellula 29 (3/4), 155-168.

Conci, C., u. C. Nielsen (1956):
Odonata. Fauna d'Italia Vol. 1, Eidzioni Calderini, Bologna.

Corbet, P. S. (1962):
A biology of Dragonflies.
Reprint, E. W. Classey Ltd., Faringdon 1983.

Deubelius, K. u. R. J.dicke (2010):
Leucorrhinia caudalis in Nordwestdeutschland (Odonata: Libellulidae).
Libellula 29 (1/2), 1-12.

Dijkstra, K.D. B. (2006):
Dragonflies of Britain and Europe.
Britsh Wildlife Publishing, Gillingham.

Donath, H (1984):
Situation und Schutz der Libellenfauna in der Deutschen Demokratischen Republik.
Entmol. Nachr. Ber. 28, 151–158.

Donath, H. (1985):
Zum Vorkommen der Flussjungfern (Odonata, Gomphidae) am Mittellauf der Spree.
Ent. Nachr. Ber. 29, 155–160.

Dreyer, W. (1978):
Etho-ökologische Untersuchungen an Lestes viridis (Vander Linden) (Zygoptera: Lestidae).
Odonatologica 7 (4), 309–322.

Dreyer, W. (1986):
Die Libellen, Gerstenberg Verlag, Hildesheim.

Fischer, C. (1984):
Libellen Schleswig-Holsteins.
Mitt. Zool. Mus. Kiel, Suppl. 2, 1–44.

Geijskes D. c., u. J. van Tol (1983):
De libellen van Nederland.
Koninklijke Nederlandse Natuurhistorische Vereniging. Hoogwoud (N. H).

Gerken, B. (1984):
Die Sammlung von Libellen-Exuvien – Hinweise zur Methodik der Sammlung und zum Schlüpfort der Libellen.
Libellula 3 (3/4), 59–72.

Gerken, B. u. K. Sternberg (1999):
Die Exuvien europäischer Libellen.
Huxaria Verlag, Höxter.

Glitz, D. (2012):
Libellen in Norddeutschland.
Geländeschlüssel. Nabu Nieders., Schlesw. Holst., Hamb., Mecklenb.-Vorp.

Grand, D. u. J.-P. Boudot 006):
Les Libellules de France, Belgique et Luxembourg.
Biotope, Mèze.

Grebe, B., R. Hofland & J. Rodenkirchen (2006):
Neue Nachweise von Coenagrion scitulum in Nordrhein-Westfalen (Odonata: Coenagrionidae).
Libellula 25 (1/2), 19–26.

Heidemann, H. (1974):
Ein neuer europäischer Fund von Coenagrion hylas (Trybom) (Zygoptera: Coenagrionidae).
Odonatoligica 3,181–185.

Heidemann, H., u. R. Kull (1986):
Untersuchungen zur Libellenfauna und Gewässergüte an ausgewählten Fließgewässern in Rheinland- Pfalz und Baden-Württemberg.
Libellula 5 (1/2), 48–62.

Heidemann, H. u. R. Seidenbusch (1993):
Die Libellenlarven Deutschlands und Frankreichs.
Verlag Erna Bauer, Keltern.

Heidemann, H. u. R. Seidenbusch (2002):
Die Libellenlarven Deutschlands.
Tierw. Deutschlds. 72. Goecke & Evers, Keltern.

Heitz, S. (1993):
Neufunde von Gomphus simillimus (Selys) am Hochrhein (BRD).
Libellula 12 (3/4), 277–280.

Hess, M., U. Heckes u. M. Schön (1996):
Epitheca bimaculata (Charpentier) in Bayern (Anisoptera: Corduliidae).
Libellula 15 (1/2), 27–44.

Literaturverzeichnis

Heymer, A. (1968):
Über ein Vorkommen von Platycnemis latipes Rambur, 1842, im Oberelsass (Odonata: Zygoptera).
Beitr. naturk. Forsch. SW-Deutschl. 27 (1), 35–36.

Heymer, A. (1973):
Verhaltensstudien an Prachtlibellen.
Z. Tierpsychol., Beih.?11, 1–100.

Hiemeyer, F., E. Miller u. J. Miller (2001):
Winterbeobachtungen an Sympecma paedisca (Odonata: Lestidae).
Libellula 20 (3/4), 103–113.

Hunger, H., F.-J. Schiel u. B. Kunz (2006):
Verbreitung und Phänologie der Libellen Baden- Württembergs (Odonata).
Libellula Supplement 7, 15–188.

]urzitza, G. (1988):
Welche Libelle ist das? Franckh-Kosmos Verlag, Stuttgart.

Kaiser, H. (1974 a):
Die Regelung der Individuendichte bei Libellenmännchen (Aeshna cyanea, Odonata).
Eine Analyse mit systemtheoretischem Ansatz. Oecologia 14, 53–79.

Kaiser, H. (1974 b):
Intraspezifische Aggression und räumliche Verteilung bei der Libelle Onychogomphus forcipatus (Odonata).
Oecologia 15, 223–234.

Kiauta, B., u. M. Kiauta (1991):
Biogeographie considerations on Coenagrion hylas freyi (Bilek, 1954), based mainly on the karyotypic features of a population from North Tyrol, Austria (Zygoptera: Coenagrionidae).
Odonatologica 20, 417–431.

Kikillus, R., u. M. Weitzel (1981):
Grundlagen zur Ökologie und Faunistik der Libellen des Rheinlandes.
Pollichia-Buch Nr. 2, Bad Dürkheim.

Knapp, E., A. Krebs, u. H. Wildermuth (1983):
Libellen.
Neujahrsbl. Naturf. Ges. Schaffhausen Nr. 35, 1–90.

Krieger, F., u. E. Krieger-Loibl (1958):
Beiträge zum Verhalten von Ischnura elegans und Ischnura pumilio (Odonata).
Z. Tierpsychol. 15, 82–93.

Kuhn, J. (1998):
Ein neuer Fund von Lestes macrostigma (Eversmann) in Bayern
(Zygoptera: Lestidae). Libellula 17 (1/2), 97–101.

Kuhn, K. u. K. Burbach (Eds., 1998):
Libellen in Bayern.
Ulmer Verlag, Stuttgart.

Landmann, A., G. Lehmann u. F. Mugenast (2005):
Die Libellen Tirols.
Berenkamp Verlag.

Lehmann, G. (1985):
Beitrag zur Kenntnis von Aeshna coerulea Ström 1783 und A. subarctica Walk.
1908 in Nordtirol (Austria). Libellula 4 (3/4), 117–137.

Lempert, J. (1997):
Die Einwanderung von Sympetrum fonscolombii (Selys) nach Mitteleuropa im Jahre 1996 (Anisoptera: Libellulidae).
Libellula 16 (3/4), 143–168.

Lödl, M. (1976):
Die Libellenfauna Österreichs.
Linzer biol. Beitr. 8/1, 135–159. Literaturverzeichnis < Service 309

Lohr, M., R. Proess, M. Schorr & M. Zimmermann (2004):
Reproduktionsnachweise für Oxygastra curtisii am luxemburgisch-deutschen Grenzfluss Our (Odonata: Corduliidae).
Libellula 23 (3/4), 173–178.

Loibl, E. (1958):
Zur Ethologie und Biologie der deutschen Lestiden (Odonata).
Z. Tierpsychol. 15, 54–81.

Mauersberger, R., F.-J. Schiel & K. Burbach (2003):
Zur Verbreitung und aktuellen Bestandssituation von Leucorrhinia caudalis in Deutschland (Odonata: Libellulidae).
Libellula 22 (3/4), 143–182.

May, E. (1933):
Libellen oder Wasserjungfern (Odonata). In: Dahl, F. (Ed.): **Die Tierwelt Deutschlands und der angrenzenden Meeresteile. 27. Teil.**
Verlag Gustav Fischer, Jena.

Meier,C.(1989):
Die Libellen der Kantone Zürich und Schaffhausen.
Neujahrsblatt der Naturforschenden Gesellschaft Schaffhausen Nr.41.

Michiels, N., A. Anselin, P. Goffart, u. M. van Mierlo (1986):
Voorlopige Verspreidingsatlas van de Libellen (Odonata) van Belgie en het Groothertogdom Luxemburg.
Gomphus 3, Nr. 2, 1–36.

Miller, E. u. J. Miller (2006):
Beobachtungen zum winterlichen Verhalten von Sympecma fusca (Odonata: Lestidae).
Libellula 25 (3/4), 119–128.

Mlody, B. (1986):
Vorkommen und Wetterabhängigkeit von Libellen auf der Wattenmeer-Insel Scharhörn mit einem Fund von Sympetrum meridionale
(Selys 1841). Libellula 5 (1/2), 1–47.

Müller, J. u. M. Schorr (2001):
Verzeichnis der Libellen (Odonata) Deutschlands.
In: Klausnitzer, B. (Ed.): Enomofauna Germanica 5, Entomol. Nachr. Ber., Beih. 6, 9–44.

Muth, M. (2003):
Aeshna caerulea im Landkreis Oberallgäu: Bestandssituation, Entwicklungsgewässer und Gefährdung (Odonata: Aeshnidae).
Libellula Supplement 4, 71–97.

Nelson, B. U. R. Thompson (2004):
The natural history of Ireland's Dragonflies.
National Museums of Northern Ireland, Belfast.

Ott, J. u. W. Piper (1998):
Rote Liste der Libellen (Odonata).
In: Binot, M., R. Bless, P. Boye, H. Gruttke & P. Pretscher (Eds.): Rote Listen gefährdeter Tiere Deutschlands. Bundesamt f. Naturschutz, Bonn-Bad Godesberg, 260–263.

Peters, G. (1987):
Die Edellibellen Europas.
Die Neue Brehm-Bücherei Bd. 585. A. Ziemsen Verlag, Wittenberg.

Prenn, F. (1928):
Aus der Nordtiroler Libellenfauna.
11. Zur Biologie von Sympycna (Sympecma) paedisca Brau. Verh. Zool. -Bot. Ges. Wien 78, 19–28.

Raab, R., A. Chovanec u. J. Pennerstorfer (2007):
Libellen Österreichs.
Springer Verlag, Wien.

Robert, P.-A. (1959):
Die Libellen (Odonaten).
Verlag Kümmerly & Frey, Bern.

Sandhall, .. (1987):
Trollsländor i.
Europa. Interpublishing, Stockholm.

Schiemenz, H. (1953):
Die Libellen unserer Heimat.
Urania-Verlag, Jena. 310 Service > Literaturverzeichnis

Schmidt, E. (1985 a):
Suchstrategien für unauffällige Libellenarten I: Coenagrion lunulatum (Charp., 1840), Mond-Azurjungfer.
Libellula 4 (1/2), 32–48.

Schmidt, E. (1985 b):
Diagnosehilfen für Sympetrum fonscolombii Selys 1840 nach Belegfotos.
Libellula 4 (1/2), 86–91.

Sternberg, K. (1983):
Kurzer Bericht zur Situation der Libellen in Mooren des Südschwarzwaldes.
Libellula 2 (1/2), 71–76.

Sternberg, K. u. R. Buchwald (Eds., 1999/2000):
Die Libellen Baden- Württembergs Bd. 1 u. 2,
Ulmer Verlag, Stuttgart.

Stobbe, H. (1979):
DJN Libellenschlüssel. Deutscher Jugendbund f. Naturbeobachtung, Hamburg.

Theischinger, G. (1979):
Cordulegaster heros sp. nov. und **Cordulegaster pelionensis ssp.**
nov., zwei neue Taxa des Cordulegaster boltoni (Donovan)- Komplexes aus Europa (Anisoptera: Cordulegasteridae). Odonatologica 8(1), 23–28.

Tol, J. van, u. M. J. Verdonk (1988):
The protection of dragonfiles (Odonata) and their biotopes.
Council of Europe, Nature and environment series No. 38, Strasbourg.

Tümpel, R. (1908):
Die Geradflügler Mitteleuropas.
2. Aufl. Verlag F. E. Perthes, Gotha.

Waage, J. K. (1979):
Dual Function of the Damselfly Penis:
Sperm Removal and Transfer. Science 203, 916–918.

Wildermuth, H. (1981):
Libellen, Kleinodien unserer Gewässer.
Schweizer Natursch., Sondernummer 1/1981,1–26.

Wildermuth, H. (1986 a):
Zur Habitatwahl und zur Verbreitung von Somatochlora arctica (Zetterstedt) in der Schweiz (Anisoptera: Corduliidae).
Odonatologica 15, 185–202.

Wildermuth, H. (1986 b):
Zur Verbreitung und Ökologie von Orthetrum albistylum Selys 1848 in der Schweiz (Odonata, Libellulidae).
Mitt. Entomol. Ges. Basel n. F. 36 (1), 1–12.

Wildermuth, H. (1986 c):
Die Auswirkungen naturschutzorientierter Pflegemaßnahmen auf die gefährdeten Libellen eines anthropogenen Moorkomplexes.
Natur und Landschaft 61 (2),51–55.

Wildermuth, H. (2008):
Die Falkenlibellen Deutschlands.
Die Neue Brehm-Bücherei Bd. 653. Westarp Wissenschaften, Hohenwarsleben.

Wildermuth, H., u. A. Krebs (1983):
Sekundäre Kleingewässer als Libellenbiotope.
Vjschr. Naturf. Ges. Zürich 128, 21–42.

Wildermuth, H., u. H. Schiess (1983):
Die Bedeutung praktischer Naturschutzmaßnahmen für die Erhaltung der Libellenfauna in Mitteleuropa.
Odonatologica 12, 345–366.

Wildermuth, H., Y. Gonseth u. A. Maibach (Eds., 2005):
Odonata – Die Libellen der Schweiz.
Fauna Helvetica 12. Schweiz. Ent. Ges., Neuchatel.

Wildermuth, H., Martens, A. (2018):
Die Libellen Europas. Alle Arten von den Azoren bis zum Ural im Porträt.
Quelle & Meyer, Wiebelsheim. 958 S.

Ziebell, S., u. T. Benken (1982):
Zur Libellenfauna in Westniedersachsen.
Drosera ,82 (2), 135–150.

WEBSEITEN

https://dragonfly.guide
https://www2.pugetsound.edu/academics/academic-resources/slater-museum/biodiversity-resources/dragonflies/world-odonata-list2/
http://natur-in-zypern.de
https://libellenwissen.de
https://www.biolib.cz/en/main/

Register

Impressum

Covergestaltung von Populaergrafik unter Verwendung eines Fotos von Frank Hecker. Es zeigt das Männchen einer Blauflügel-Prachtlibelle. Das Foto auf der Rückseite zeigt eine Gebänderte Prachtlibelle von Frank Hecker.

Zeichnung auf der Banderole von Heiko Bellmann.

Mit 304 Farbfotos
Alle Fotos von Heiko Bellmann bis auf:
Wolfgang Buchhorn/Frank Hecker, S. 2/3, Frank Hecker, S. 169 u., S. 171 o., S. 177 o., S. 201 o., S. 195 o., S. 277 o., S. 277 u.; Esther Jansen, S. 217 u.; Sami Karjalainen, S. 201 u.; Andreas Kuhn, S. 135 u., S. 297 o.; Elfi Miller, S. 53, S. 55, S. 245 o. und u., S. 279 u.; Jürgen Miller, S. 144, S. 235 o., S. 239 u., S. 241, S. 261 o., S. 261 u, S. 299 o; Jochen Müller, S.144, S. 235 o., S. 241, S. 239 u., 299 o., S. 261 o., 261 u.; Jochen Müller, S. 147 o., S. 147 u., S. 219, S. 231, S. 293 o., S. 265 u.; Christian Roesti, S. 129; Beat Schneider, S. 207 o., S. 207 u., S. 263 u; Hansruedi Wildermuth, S. 197 o., S. 243 S. 259 u., S. 257 o., S. 253 u., S. 255 o., S. 255 u., S. 251 u., 281 u., 273 u.

Mit 155 Zeichnungen von Heiko Bellmann

Trotz sorgfältiger Prüfung und Recherche sind alle Angaben in diesem Buch ohne Gewähr. Eine Garantie oder Haftung der Autoren, des KOSMOS Verlags oder von ihm beauftragter Personen sind ausgeschlossen.

Unser gesamtes lieferbares Programm finden Sie unter **kosmos.de**.
Über Neuigkeiten informieren Sie regelmäßig unsere Newsletter, einfach anmelden unter **kosmos.de/newsletter**.

FSC www.fsc.org
MIX
Papier | Fördert gute Waldnutzung
FSC® C015829

Gedruckt auf chlorfrei gebleichtem Papier

ISBN: 978-3-440-16762-5
Redaktion: Monika Weymann
Gestaltung und Satz: Populärgrafik Stuttgart
Produktion: Markus Schärtlein
Druck und Bindung: Printer Trento, Trento
Printed in Italy / Imprimé en Italie

Die Autoren

Dr. Heiko Bellmann

Die Bestimmungsbücher von Dr. Heiko Bellmann sind bis heute ein wichtiges Standbein des Naturführerprogramms im KOSMOS-Verlag. Sie helfen unzähligen Naturfreunden dabei, Libellen, Heuschrecken, Spinnen, Bienen, Wespen, und Ameisen kennenzulernen, besser zu verstehen und natürlich sie auch beim Namen nennen zu können. Neben den umfassenden und gut verständlichen Texten sind es dabei auch seine großartigen Aufnahmen dieser Tiere, die seine Leser nur allzu oft dazu anregen, sie nicht nur bestimmen zu wollen. Mit Genuss stöbern sie in seinen Büchern weiterund machen sich dabei gleich auch noch mit den anderen Vertretern der einen oder anderen Art vertraut. Kaum eine Art, die nicht in seinem riesigen Fotoarchiv, mit über 70.000 Aufnahmen, zu finden gewesen wäre. Und sollte er tatsächlich einmal keine Aufnahme von einer Libelle, einer seltenen Spinne oder einem kaum zu entdeckenden Nachtfalter kein eigenes Foto haben, kannte er stets jemanden, der ihm gern eine eigene Aufnahme zur Verfügung stellte. War es doch fast schon ein Ritterschlag, mit einem Bild aus der eigenen Sammlung in einem Bellmann-Buch vertreten zu sein.

Heiko Bellmann studierte Biologie in Göttingen und folgte nach seiner erfolgreichen Promotion seinem Doktorvater an die Universität Ulm, um dort über Insekten zu lehren und zu forschen. Eine ganze Generation von Studenten kannte, schätzte und nutzte dabei seine Bücher, folgte seinen Exkursionen und genoss seine Vorträge. Als gelungene Mischung aus umfassenden fundierten und wissenschaftlichen Inhalten und ausgezeichneten Fotos waren sie zudem für jeden Naturbegeisterten etwas ganz Besonderes. Viele seiner Werke erschienen im europäischen Ausland, so z.B. in Frankreich, Spanien, Polen und den Niederlanden.

Die Überarbeitungen und Aktualisierungen seiner Bücher konnte Heiko Bellmann nicht mehr selbst in die Hand nehmen. Er starb völlig unerwartet im März 2014.

Matthias Helb

Die Begeisterung für die Entomologie wurde bei Matthias Helb schon als kleines Kind geweckt, während er seinen Vater, selbst Biologe und Vogelforscher, sehr oft auf dessen Exkursionen begleitete.

Dabei entstand die Faszination für die Insekten. Ein naturnaher Garten zu Hause, aber auch ein Schmetterlingsnetz und die väterliche Insektensammlung beförderten die Begeisterung nur noch mehr.

Etliche Auslandsreisen während des Biologie-Studiums ermöglichten es ihm, seine große Artenkenntnis weiter zu vertiefen. Dadurch konnte er in der Dominikanischen Republik eine neue Bockkäfer-Art entdecken, die 2015 sogar nach ihm benannt wurde.

Im Jahr 2016 konnte Matthias Helb im KOSMOS Verlag sein Buch „Insekten überlebensgroß" veröffentlichen. Es zeigt die 100 häufigsten Insektenarten in Haus und Garten in Originalgröße und in Großaufnahme. 2017 wurde dieses Buch auch in Frankreich, Ungarn, Tschechien und den Niederlanden verlegt.

Im gleichen Jahr erschien die Neuausgabe von Heiko Bellmann's unersetzlichem Werk „Bienen, Wespen, Ameisen", für deren Überarbeitung und Aktualisierung er zuständig war.

2021 unterzog der vielseitige Biologe den „Kosmos Käferführer" einer grundlegenden Revision und ergänzte über 50 weitere Arten. Das Buch erscheint in diesem Jahr auch in den Niederlanden.

Ein Schwerpunkt in der Arbeit von Matthias Helb liegt darin, Kinder und und ihre Eltern für die Natur in all ihren Facetten zu begeistern.

Lebensräume auffallender Arten

GARTENTEICHE

Hufeisen-Azurjungfer

Große Pechlibelle

Frühe Adonislibelle

Blaugrüne Mosaikjungfer

Plattbauch

Gemeine Heidelibelle